AF850616

EDITORIAL

Liebe Leserinnen und Leser,

Wiesenbrüter – eine ausgesprochen faszinierende Vogelgruppe. Wer sich aber mit dem Schutz von Wiesenbrütern und ihrem Lebensraum beschäftigt, muss eine große Leidensbereitschaft mitbringen. Seit Jahrzehnten brechen die Bestände zusammen; ein Ende dieser Entwicklung ist nicht in Sicht. Dabei wissen wir sehr genau, was getan werden muss, um Wiesenbrüterbestände zu erhalten und wiederaufzubauen. Der Schlüssel liegt im Lebensraummanagement, insbesondere in hohen Grundwasserständen. Das kann man sich beispielsweise am Dümmer in Niedersachsen sehr gut anschauen: Dort ist es gelungen, durch gezielte Maßnahmen ein sehr beeindruckendes Wiesenbrütergebiet zu gestalten. Im Juni wuselt es dort nur so von jungen Uferschnepfen, Kiebitzen und Rotschenkeln. Dies zeigt, es geht!

Im vergangenen Jahr hat der Naturschutzverband LBV in Bayern, im Auftrag des Bayerischen Landesamtes für Umwelt (LfU), eine flächendeckende Wiesenbrüterkartierung durchgeführt, die letzte derartige Kartierung stammt aus dem Jahr 2014. Insbesondere der geringe Bruterfolg macht große Sorgen. Würden Brachvogel und Uferschnepfe nicht vergleichsweise alt werden, die Vorkommen wären bereits erloschen. „Living deads", die lebenden Toten, nennen unsere britischen Freunde diese Vögel. Sie sind noch da, aber ohne Bruterfolg und daher biologisch eigentlich schon tot. Wie so oft geht man in England radikale Wege, um beispielsweise Uferschnepfen zu erhalten. Neben ganz gezielter Anlage und Management von Lebensräumen, die buchstäblich auf dem Reißbrett entstandenen sind, werden Uferschnepfengelege eingesammelt, in Volieren ausgebrütet und die flüggen Jungvögel in die freie Wildbahn entlassen, um Verluste zu vermeiden. In Deutschland wehren wir uns oftmals – noch immer – gegen derartige „ex situ"-Maßnahmen. Um aber überhaupt noch Uferschnepfen zu haben, bis es uns gelingt, großflächig wieder geeignete Lebensräume zu schaffen, bleibt uns vielleicht nichts anderes übrig, als Gelege einzusammeln, in einer Voliere auszubrüten und die Vögel nach dem Flüggewerden wieder in die freie Wildbahn zu entlassen. Der Gedanke gefällt Ihnen nicht? Die Alternative ist das Aussterben der Art und damit sicherlich nicht besser.

Neben der Lebensraumzerstörung und Prädation ist vor allem auch die Störung von Wiesenbrütern ein Problem, insbesondere durch freilaufende Hunde. Dies aber sollte ebenso einfach abstellbar sein wie die Verlängerung des im Juli 2022 auslaufenden Moratoriums der Jagd auf Brachvögel und Uferschnepfen in Frankreich.

Auch wenn es fast schwerfällt, wünsche ich Ihnen viel Freude bei der Beobachtung unserer letzten Wiesenbrüter, verbunden mit der Hoffnung, dass Sie hieraus viel Energie für den Schutz dieser absolut faszinierenden Vogelgruppe ziehen – der mit viel Engagement zumindest für einige Arten und Regionen möglich sein kann.

Beste Grüße – und bleiben Sie gesund!
Ihr

Dr. Norbert Schäffer,
Chefredakteur

4 Vögel im Grünland

INHALT

Vogelschutz

20 Wilde Weiden

27 Wachtelkönig in Hessen

Titelbild

Brachvogel (Foto: H. Jegen)

DER FALKE Journal für Vogelbeobachter 68. Jahrgang, Sonderheft 2021 · ISSN 0323-357X4

Die Uferschnepfe ist heute die Ikone de Feuchtwiesenschutzes. In Deutschland ist sie vom Aussterben bedroht.

Foto: B. Volmer. Dümmer, 21.4.201

BEWOHNER EINER KULTURLANDSCHAFT?

Vögel im Grünland

Vögel besiedeln so gut wie alle weltweit vorhandenen Lebensräume. Nur die höchsten Gebirge, die kältesten Zonen an den Polarkappen und wenige andere extreme Lebensräume meiden sie. Wir finden Vögel in natürlichen Landschaften, also Wildnissen, aber auch in den unterschiedlichsten Kulturlandschaften. Immer haben es doch einige der weltweit über 10 000 Vogelarten geschafft, die Herausforderungen von mehr oder weniger eng getakteten menschlichen Eingriffen anzunehmen oder sogar von diesen zu profitieren – zumindest bislang. So auch im Grünland, das heute in unterschiedlichen Ausprägungen in weiten Teilen Mitteleuropas zu finden ist, meist als Kulturlandschaft, seltener und meist kleinflächig als Naturlandschaft.

Unter Grünland verstehen wir eine mehr oder weniger geschlossene Vegetation, die vorwiegend aus Gräsern und Kräutern besteht. Für die im Grünland lebenden Vögel heißt das, dass sie einen offenen und im wahrsten Sinne des Wortes überschaubaren, zweidimensionalen Lebensraum besiedeln. Nester können sie also nur am Boden oder bodennah in Stauden und Gräsern anlegen, kaum jedoch außerhalb des Einzugsbereiches der Bodenprädatoren wie Fuchs, Dachs oder Wildschwein. Ihre Nahrung müssen sie vor allem am bzw. im Boden suchen oder an den niedrigwüchsigen Pflanzen absammeln, gegebenenfalls noch im Luftraum fangen.

Viele mitteleuropäische Vogelarten nutzen Grünland. Aber sie kommen zunehmend in Bedrängnis, meist aufgrund der immer intensiver werdenden Nutzung mit einer immer engeren Taktung von maschinellen Eingriffen und durch den Einsatz von Agrarchemikalien und Dünger. Und selbst konventionell beweidetes Grünland lässt den Grünlandvögeln wenige Überlebensmöglichkeiten.

Möglich geworden ist die heutige hohe Nutzungsintensität des Grünlandes zum Beispiel durch vorangegangene Entwässerungen und Erschließungen. Verstärkt wird der Effekt unter anderem durch die fortwährende Nachfrage nach billigen Agrarprodukten und zunehmend durch den Klimawandel.

In den naturnahen Halbwüsten Osteuropas brüten entlang der Flussläufe, die früher von Wildtieren beweidet wurden, in großer Zahl Kiebitze, Feldlerchen und andere Grünlandbewohner. Anstelle der weitgehend ausgerotteten Wildtiere übernehmen heute oft verwilderte Pferde die „Landschaftspflege".

Foto: T. Brandt. Wolganiederung, westl. Kasachstan, 26.6.2005.

Wer sind die Vögel des Grünlandes?

Es gibt keine exakte Definition der Zuordnung unserer Vögel in eine Gilde „Grünlandvögel". Prinzipiell gibt es in Mitteleuropa wohl an die 100 Arten, die Grünland unterschiedlich intensiv nutzen. Einen Teil der heimischen Vogelarten finden wir heute vorwiegend im Grünland bzw. in Kleinstrukturen innerhalb desselben. Sie sind vom Grünland mehr oder weniger abhängig. Um diese etwa 30 Brutvogelarten soll es hier gehen.

Innerhalb Mitteleuropas ist die Vogelfauna des Grünlandes jedoch nicht überall gleich. Ein Vogelbeobachter in der Norddeutschen Tiefebene mit großflächigen Wiesenlandschaften wird andere Arten beobachten können als sein Kollege in einer kleinparzellierten, süddeutschen Mittelgebirgslandschaft. Und selbst im sommerkühlen, niederschlagsreicheren Nordwesten wird er heute andere Arten finden als im kontinentaleren, niederschlagsärmeren und im Sommer wärmeren Nordosten.

Wo kommen die Grünlandvögel her?

Um diese Frage zu klären, muss man zunächst betrachten wie das Grünland im heutigen Umfang überhaupt entstanden ist, denn bis vor etwa 1500 Jahren war Grünland auf kleine Flächen und – noch weiter zurückliegend – auf Naturlandschaften begrenzt. In Mitteleuropa gab es

Nasse, bis in den späten Frühling hinein überschwemmte Wiesen, in denen Wiesenlimikolen wie Uferschnepfe, Rotschenkel oder Bekassine leben können, sind vor allem durch die Intensivierung der Landwirtschaft auf Restflächen zurückgedrängt worden. Foto: T. Brandt. NSG Meerbruchswiesen, 12.2.2009.

diese vermutlich nur sehr lokal. Dauerhafte Wiesen gibt es seit der letzten Eiszeit zum Beispiel im Hochgebirge, an der Küste im Einflussbereich des Salzwassers oder auf besonders intensiv von Wildtieren genutzten und gestalteten Flächen. Kleinflächig entstanden vorübergehend mit Gräsern bewachsene Flächen nach Erdrutschen, Überschwemmungen und – vielleicht auch einmal großflächiger – nach Bränden.

Die heute im Grünland lebenden Vögel waren entweder in diesen Lebensräumen zu Hause, wanderten aus den Steppen Osteuropas und Asiens ein oder aber sie lebten in anderen, ähnlichen offenen Naturlandschaften, zum Beispiel in Hochmooren, die vor 1000 Jahren beispielsweise 5 % der Fläche Niedersachsens bedeckten – immerhin eine Fläche etwa so groß wie das Saarland – und von denen man sich einen großen Teil als weite, offene und fast baumlose Landschaften vorstellen muss. In diesen brüteten unter anderem Goldregenpfeifer, Bruchwasserläufer, Brachvögel, Bekassinen, Rotschenkel, Sumpfohreulen, Wiesenpieper und Braunkehlchen. Bis auf die beiden erstgenannten gelang ihnen der „Sprung" in das Kulturgrünland zunächst recht erfolgreich.

Mit steigender Bevölkerungszahl wurden in Mitteleuropa Naturlandschaften immer weiter zurückgedrängt. Die meisten Beschreibungen von Vögeln und deren Lebensräume gehen bereits auf eine Zeit zurück, in der der Landschaftswandel schon längst eingeleitet war. Primärlebensräume waren bereits vernichtet, Niedermoore und Hochmoore zu Wiesen und Weiden umfunktioniert, Flüsse begradigt und deren Ufer befestigt. Eine Quelle sind zum Beispiel die Beschreibungen Naumanns, der seine „Naturgeschichte der Vögel Deutschlands" von 1822 bis 1844 verfasste und der unsere heutigen Grünlandvögel noch aus wilden Flusslandschaften in Mitteleuropa kannte und beschrieb. Zu dieser Zeit gab es in Mitteleuropa so gut wie keinen Wald mehr und selbst Anbauflächen – vielerorts in Rotation mit Brachflächen als Dreifelderwirtschaft genutzt – waren für heutige Verhältnisse so extensiv genutzt und nahrungsreich, dass sie für viele Vögel einen Lebensraum stellten.

Braunkehlchen waren früher in Mitteleuropa weit verbreitet. Zwischen den Wiesen in den Mittelgebirgen bis in die Norddeutsche Tiefebene besiedelten sie eine breite Spanne unterschiedlicher Grünlandtypen. Heute ist die Art deutschlandweit stark gefährdet. Foto: B. Volmer. Dümmer, 3.5.2005.

Rosige Zeiten auf grünen Flächen

Zunächst führte die zunehmende Beanspruchung der Landfläche durch die stetig wachsende Bevölkerungszahl dazu, dass sich die Landschaft auch für die Grünlandvögel zunehmend eignete. Wiesen und Weiden dürften von einigen Arten weitaus dichter besiedelt worden sein als deren „natürliche" Lebensräume. Brachvögel und Kiebitze beispielsweise leben in viel höheren Dichten in nassem, spät gemähtem Grünland als in Hochmooren. Uferschnepfen haben wohl etwa um die Mitte des 19. Jahrhunderts in Nordwestdeutschland bei zunehmender Grünlandnutzung stark im Bestand zugenommen und wurden dort zu einer weit verbreiteten und lokal häufigen Vogelart. Aber schon rund 100 Jahre später kippte der Trend. In der Nachkriegszeit begann eine Intensivierungswelle in der Landwirtschaft, zunächst langsam und

Vor der großflächigen Kultivierung brüteten Wiesenvögel wie Brachvogel und Braunkehlchen in den weiten, offenen Hochmooren, die bis vor etwa 100 Jahren große Teile Norddeutschlands bedeckten, heute aber fast komplett verschwunden sind. Foto: T. Brandt. Nationalpark Store Mosse, Schweden, 29.6.2013.

Brachvögel haben nur auf extensiv bewirtschafteten Wiesen die Möglichkeit, erfolgreich Junge aufzuziehen. Foto: B. Volmer. Dümmer, 4.6.2021.

dann in einem rasanten Tempo. Großflächige Flurbereinigungen, Entwässerungen, Kunstdünger, eine für immer größere Maschinen umgestaltete Landschaft – all das führte zu einem erheblichen Rückgang unserer Grünlandvögel, der bis heute anhält und gegen den – sehenden Auges – nicht effizient gegengesteuert wird. Fast alle im Grünland lebenden Vogelarten stehen seit vielen Jahren auf der Roten Liste und sind trotz einzelner Lichtblicke in gut gemanagten Gebieten im Bestand gefährdet oder bereits vom Aussterben bedroht.

Grünland – eine ökologische Falle?

Das Bruthabitat der Vögel wird durch angeborene Verhaltensmuster bestimmt und nicht von Bruterfolg oder Misserfolg. Vögel besiedeln also auch, im schlechtesten Fall sogar bevorzugt, aufgrund scheinbar geeigneter Bedingungen ungeeignete Flächen. Hierzu zählen zum Beispiel welche, die so früh im Jahr gemäht werden, dass die Nester ausgemäht oder die Jungvögel getötet werden. Wenn innerhalb einer Population Bruterfolg oder Zuwanderung die Sterberate nicht ausgleichen können, dann nimmt deren Größe ab, was schließlich zum Aussterben der Population führt. Und genau das passiert vielerorts bei unseren im Grünland brütenden Vögeln. Die immer intensiver werdende Landnutzung und deren Folgen sind die Hauptursache des Bestandsrückgangs.

Klimawandel und Nährstoffe

Auch der Klimawandel trägt zum Rückgang der Grünlandvögel bei, vor allem in Kombination mit anderen Faktoren wie die gestiegene Nährstoffversorgung durch die Luft oder die Entwässerung. Ein noch im Frühling nasser oder sogar überstauter Boden erwärmt sich nur langsam, die Vegetation wächst langsam auf. Die aufsteigende Verdunstungskälte verzögert das Pflanzenwachstum zusätzlich. Einhergehend mit der noch bis in die 1950er Jahre vergleichsweise geringen Nährstoffversorgung und Freisetzung von Nährstoffen bildete sich eine unterschiedlich hoch wachsende blüten- und insektenreiche Vegetation. Die Heuernte erfolgte spät, Jungvögel hatten Zeit, flügge zu werden bevor das Grünland gemäht wurde. Prädatoren wie Rotfuchs

Rotschenkel sind im Binnenland sehr selten. Aber auch in den Salzwiesen entlang der Küste nimmt der Bestand derzeit ab. Foto: B. Volmer. Dümmer, 7.4.2019.

und Wiesel hatten auf den oft großflächig überfluteten Flächen keine Versteckmöglichkeiten und waren – zudem stark bejagt – in den weitläufigen Wiesen- und Weidelandschaften selten. Anders heute: Auf gut drainierten Wiesen und Weiden wächst das Gras schon früh im Jahr üppig, Blütenpflanzen werden hierdurch oft verdrängt oder von Landwirten sogar bekämpft, Insektennahrung ist knapp. Auf den mit Nährstoffen gut versorgten, nicht selten sogar überversorgten Böden wächst die Vegetation so dicht, dass die frisch geschlüpften Küken der Wiesenlimikolen sich nicht im Sonnenlicht aufwärmen können, sondern im feuchten Gras durchnässen und schließlich an Unterkühlung sterben. Ausweichen auf andere Flächen ist bei dem hohen Raumwiderstand ein Kraftakt, den die Küken bei der heute geringeren Nahrungstierdichte oft nicht bewältigen können. Und wohin soll der Weg führen? Auf die benachbarte, bereits gemähte Wiese ganz ohne Versteckmöglichkeiten, auf der viele Feldmäuse zahlreiche Prädatoren angelockt haben?

Brutpaarzahl und Status von typischen Grünlandvögeln in der aktuellen Roten Liste der Bundesrepublik Deutschland (nach Ryslavy u.a. 2020). * = zu großen Teilen auch Ackerbrüter, ** = Bezugsjahr 2016

Art	Brutpaarzahl in Deutschland (Bezugsjahr)	Einstufung Rote-Liste-Kategorie
Knäkente	1200 – 1700**	1 – vom Aussterben bedroht
Löffelente	2400 – 2600**	3 – gefährdet
Wachtelkönig	1300 – 2000	1 – vom Aussterben bedroht
Kiebitz	42000 – 67000**	2 – stark gefährdet
Brachvogel	3600 – 4800**	1 – vom Aussterben bedroht
Uferschnepfe	3600 – 3800**	1 – vom Aussterben bedroht
Kampfläufer	50**	1 – vom Aussterben bedroht
Alpenstrandläufer	9 – 10**	1 – vom Aussterben bedroht
Bekassine	2900 – 4500**	1 – vom Aussterben bedroht
Rotschenkel	8500	2 – stark gefährdet
Sumpfohreule	40 – 45	1 – vom Aussterben bedroht
Feldlerche*	1,2 Mio. – 1,85 Mio.	3 – gefährdet
Braunkehlchen	19500 – 35000**	2 – stark gefährdet
Wiesenpieper	36000 – 57000**	2 – stark gefährdet
Wiesenschafstelze*	82000 – 155000**	keine

Besorgniserregende Bestandsentwicklung

In der Gilde der Offenlandvögel, zu denen auch die Grünlandvögel gehören, befinden sich heute die meisten gefährdeten Arten, wie ein Blick in die aktuelle Rote Liste der gefährdeten Brutvögel aus dem Jahr 2020 schnell erkennen lässt. Von ihnen sind 70 % gefährdet, weitere 13 % stehen auf der Vorwarnliste. Traurige Beispiele: Knäkente, Brachvogel, Kampfläufer, Alpenstrandläufer, Uferschnepfe, Bekassine und Wachtelkönig sind aktuell vom Aussterben bedroht und Kiebitz, Rotschenkel, Braunkehlchen und sogar der Wiesenpieper sind stark gefährdet.

Eine Rettung der Brutvögel des Grünlandes scheint angesichts der Probleme fast unlösbar zu sein. So ist es auch, wenn

Kampfläufer gehören in Deutschland zu den seltensten Brutvögeln. Heutzutage sind bei uns fast nur noch nordische Brutvögel zu sehen, die in großen Feuchtgebieten rasten. Foto: B. Volmer.Dümmer, 2.5.2015.

nicht zeitnah ein deutliches Umdenken in der Gesellschaft zu einem rücksichtvolleren Umgang mit der Lebensgemeinschaft im Grünland führt. Die Bestände der typischen im Grünland brütenden Wiesenvögel sind in dem überschaubaren Zeitraum der letzten 25 Jahre noch einmal massiv zusammengebrochen – ausgehend von einem eh schon reduzierten Bestand kurz vor der Jahrtausendwende. Darüber können auch nicht die Scharen der in Deutschland überwinternden, arktischen Gänse hinwegtäuschen, deren Winterbestände in Mitteleuropa ab den 1980er Jahren beträchtlich zugenommen haben und deren Nutzung intensiv gedüngter Wiesen der Landwirtschaft ein Dorn im Auge ist.

Schafstelzen sind typische Bewohner von Grünländereien. Im Gegensatz zu anderen Wiesenvögeln hat ihr Bestand in den letzten 25 Jahren zugenommen. Foto: B. Volmer. Dümmer, 25.5.2014.

Ein Zurück in die Primärlebensräume ist den meisten der heutigen Grünlandvögel verwehrt. Von der bereits erwähnten riesigen Hochmoorkulisse Niedersachsens oder auch Schleswig-Holsteins sind nur noch wenige Quadratkilometer übriggeblieben. Die Flüsse sind auf lange Sicht gezähmt und die früher riesigen Flussästuare sind als Primärlebensraum schon lange nicht mehr vorhanden. Zunehmender Containerschiffsverkehr, Elbvertiefung – auch hier wird es wohl kein Zurück mehr geben.

Die Chance liegt in einer massiven Umstrukturierung der Landwirtschaft. Die milliardenschweren EU-Agrarsubventionen dürfen nicht mehr flächenbezogen ausgezahlt, sondern müssen an eine nachhaltige Nutzung gebunden werden. Und zu einer nachhaltigen Nutzung gehört auch der Erhalt der Grünlandvögel ihrer selbst wegen und auch als wichtige Umweltindikatoren. Nicht der, der schon am meisten hat, darf noch für ein „weiter so" belohnt werden, sondern der, der sich am meisten Mühe gibt, eine lebenswerte Umwelt zu erhalten – gemessen an der Vielfalt der Lebewesen auf seinen Nutzflächen und damit auch an den Gesängen und Rufen der Grünlandvögel.

Thomas Brandt

Natürliches Grünland wächst beispielsweise in der osteuropäischen Federgrassteppe. Foto: T. Brandt. Russland, 24.6.2005.

Literatur zum Thema

Beintema A, Moedt O, Ellinger D 1995: Ecologische Atlas van de Nederlandse Weidevogels. Haarlem.

Bunzel-Drüke M u.a. 2019: Naturnahe Beweidung und NATURA 2000 – Ganzjahresbeweidung im Management von Lebensraumtypen und Arten im europäischen Schutzgebietssystem NATURA 2000, 2. Auflage. Arbeitsgemeinschaft Biologischer Umweltschutz, Bad Sassendorf.

Eigner J, Schmatzler E 1991: Handbuch des Hochmoorschutzes. Bedeutung, Pflege, Entwicklung. 2. Auflage. Greven.

Krüger T, Südbeck P 2004: Wiesenvogelschutz in Niedersachsen. – Naturschutz und Landschaftspflege in Niedersachsen 41, Hannover.

Küster H 1999: Geschichte der Landschaft in Mitteleuropa. München.

Melter J, Voskuhl G, Welz A 1997: Grünland und Grünland-Avizönosen in Niedersachsen: Hohe Bedeutung – unsichere Zukunft? Vogelkundliche Berichte aus Niedersachsen 29: -36.

Naumann J F 1822–1844: Naturgeschichte der Vögel Deutschlands. Bd. 1-12. Leipzig.

Ryslavy T, Bauer H G, Gerlach B, Hüppop O, Stahmer J, Südbeck P, Sudtfeld C 2020: Rote Liste der Brutvögel Deutschlands, 6. Fassung, 30. September 2020. Berichte zum Vogelschutz 57: 13-112.

Schröder K, Schikore T 2004: Wiesenvögel in der Naturlandschaft Niedersachsen: Überlegungen zu alternativen Schutzkonzepten. In: Krüger T, Südbeck P: Wiesenvogelschutz in Niedersachsen. Naturschutz und Landschaftspflege in Niedersachsen 41: 25-39.

Seitz J 2012: Beiträge zur Geschichte der Ornithologie in Niedersachsen und Bremen. Die Vögel Niedersachsens und des Landes Bremen. Naturschutz und Landschaftspflege in Niedersachsen, Sonderreihe B, 1.1: 1-452.

Thomas Brandt ist Diplombiologe und Diplomingenieur für Umweltsicherung. Seit 2001 ist er Mitglied in der Fachredaktion von DER FALKE. Hauptberuflich ist er als wissenschaftlicher Leiter der Ökologischen Schutzstation Steinhuder Meer (ÖSSM e.V.) beschäftigt. Seit September 2017 ist er Vorsitzender der Niedersächsischen Ornithologischen Vereinigung (NOV).

Kleingewässer im Feuchtgrünland sind ein bedeutender Lebensraum für eine Vielzahl von Vogelarten. Foto: T. Brandt. Meerbruchswiesen, 31.7.2014.

ARTENVIELFALT UND BIOMASSE:

Bedeutung von Kleingewässern in Feuchtwiesenlandschaften

In Grünlandgebieten im flachen Nordwesten Deutschlands sind Gewässer wichtige Teillebensräume. Es gibt eine Vielzahl von Tier- und Pflanzenarten und natürlich auch Vogelarten, die auf Gewässer in offenen Landschaften angewiesen sind, sei es als Brutplatz oder aber auch als Nahrungsressource. Meist handelt es sich in Wiesenlandschaften um sehr flache Gewässer. Eine natürliche Entstehung ist zum Beispiel auf die teilweise Verlandung ehemaliger Bach- und Flussläufe zurückzuführen. Von Menschen gemacht wurden dagegen Gewässer, die der Wasserversorgung des Viehs dienten. Irgendwann waren sie der zunehmenden Intensivierung der Landwirtschaft im Weg und wurden verfüllt. Damit verarmten die Wiesenlandschaften. Die Bedeutung und wechselvolle Geschichte der wohl wichtigsten Strukturelemente im Feuchtgrünland wird im Folgenden erläutert.

Es ist Anfang Juni in einem Feuchtwiesenkomplex am Rande der norddeutschen Tiefebene. Nach dem kurzen Gewitterschauer hört man ein tiefes Grollen aus einem etwa 3000 m² großen, aber flachen Wiesentümpel: Es sind Teichfrösche. Tausende der heute noch recht weit verbreiteten Amphibienart buhlen während ihrer Laichzeit um die Weibchen. Tausende in einem einzigen Gewässer! Zeitgleich verlassen die bereits frisch von der Kaulquappe zum Frosch umgewandelten Moorfrösche und Erdkröten das Wasser, einige „schnell entwickelte" Laubfrösche sind ebenfalls schon zwischen den unzähligen kleinen Fröschen zu sehen. Am Ufer der Blänke, so werden in Norddeutschland die flachen Gewässer in offenen Landschaften genannt, haben rund ein Dutzend Grau- und Silberreiher Position bezogen. Sie werden einen Teil der Amphibienbiomasse abschöpfen. Ein Zwergtaucherpaar füttert derweil auf der Wasserfläche zwischen den Schwimmblättern der See- und Teichrosen seine drei Jungvögel – mit Kaulquappen und größeren Insektenlarven. Daneben führt ein Schnatterentenweibchen seine neun Jungen entlang der Ufervegetation aus Schilf und Rohrkolben. Etwas aufgeregt erscheint ein Kiebitzpaar bei Anwesenheit der Reiher. Ihre vier Jungvögel picken an einer Stelle, an der das Weidevieh die Ufervegetation zertreten hat, nach kleinen Fliegen. Über dem allen jagt ein Baumfalke nach Libellen, nimmt dieses Mal aber mit einem großen Wasserkäfer vorlieb, der eben aus dem Gewässer aufgestiegen ist. Mit dem Fuß fängt und hält der fliegende Falke den Käfer, dessen abgebissene Deckflügel kurze Zeit später langsam auf den Boden fallen.

Kraniche brüten in den Meerbruchswiesen meist in den Gewässern ab etwa 5000 m² Größe, seltener in kleineren. Foto: T. Brandt. Meerbruchswiesen, 13.6.2017.

Diese kurze Beschreibung ist das Ergebnis aus ein paar Beobachtungsminuten an einem Kleingewässer in der Feuchtwiesenlandschaft „Meerbruchswiesen" am Westufer des Steinhuder Meeres in Niedersachsen und deutet bereits darauf hin, welchen Wert Gewässer als Strukturelemente in der Landschaft haben können.

Funktion der Kleingewässer für Vögel

Gewässer im Grünland und ihre Vegetation sind Übernachtungsstätte, Nahrungsressource und Brutplatz für Gänse und Enten, sie sind Nahrungsressource für Reiher und Wiesenlimikolen wie Kiebitz, Brachvogel oder Uferschnepfe und Singwarte, Versteck- und Brutplatz für zahlreiche Singvögel. Welche Bedeutung Kleingewässer im Grünland haben, zeigen Untersuchungen von Stefan Boberg, der im Naturschutzgebiet Meerbruchswiesen, einem rund 1000 ha großen und im Sinne des Naturschutzes gemanagten Grünlandgebietes westlich des Steinhuder Meeres, die Vogelfauna auf und an 50 von insgesamt etwa 150 Kleingewässern untersuchte. Die vom Naturpark Steinhuder Meer, Naturschutzbehörden und Naturschutzverbänden

Im Feuchtgrünland auf Niedermoorböden entwickelt sich die Vegetation in den Gewässern überraschend schnell. Die Aufnahmen zeigen dasselbe Gewässer aus ähnlicher Perspektive kurz nach Anlage am 19.10.2005 und mit etablierter Schwimmpflanzen und Röhrichtgesellschaft am 12.7.2013. Fotos: T. Brandt, Meerbruchswiesen.

Blaukehlchen, im Bild ein eben flügger Jungvogel, brüten in den Meerbruchswiesen gern im Röhricht von Kleingewässern. Foto: T. Brandt. 1.6.2021.

angelegten und maximal 22 Jahre alten Gewässer sind zwischen 700 und 10 000 m^2 groß und liegen inmitten von Wiesen und Weiden. Sie sind weitgehend gehölzlos, bestenfalls einzelne Büsche oder kleine Bäume wachsen hier. Boberg fand im Frühling 49 Vogelarten an den Tümpeln und Blänken und stufte 24 davon als Brutvögel ein, 25 als Nahrungsgäste.

Die häufigsten Brutvogelarten waren Rohrammer, Graugans, Stockente und Blässhuhn. Sie machten jeweils mehr als 10 % der insgesamt 189 gefundenen Vogelbrutpaare aus. Etwas seltener und als subdominant einzustufende Arten mit einem Anteil von 5 bis 10 % aller Brutpaare fand er Zwergtaucher, Schnatterente, Teich- und Schilfrohrsänger, seltene Brutvögel waren unter anderem Krick-, Knäk- und Reiherente, Kranich, Wasserralle, Teichhuhn, Feldschwirl und Blaukehlchen.

Die Brutvögel der Kleingewässer brüteten auf den mehr oder weniger offenen Wasserflächen, zum Beispiel Zwergtaucher und Blässhühner, oder versteckten ihre Nester in den Röhrichten. Zu diesen

Beispiele von regelmäßig festgestellten Vogelarten an Kleingewässern Im Naturschutzgebiet Meerbruchswiesen in Niedersachsen (Zeitraum 2017 bis 2021).
* = selten, nicht in allen Jahren. +++ = jährlich und häufig; ++ = jährlich in geringer Zahl; + = unregelmäßig, nicht in jedem Jahr beobachtet; ? = Status unsicher

Art	Brutvogel	Nahrungsgast zur Brutzeit	Durchzügler und/ oder Wintergast
Graugans	+++	+++	+++
Blässgans			+++
Brandgans	+	++	+++
Knäkente	+++	++	+++
Löffelente	+++	++	+++
Schnatterente	+++	++	+++
Stockente	+++	++	+++
Krickente	+++	++	+++
Reiherente	+	++	++
Tafelente		+	++
Wasserralle	++		++
Tüpfelsumpfhuhn	+		?
Teichhuhn	++		++
Blässhuhn	++		++
Kranich	++	++	++
Uferschnepfe		+	++
Kampfläufer			++
Zwergschnepfe			++
Bekassine	++	++	++
Rotschenkel	+	++	++
Bruchwasserläufer			++
Grünschenkel			++

Art	Brutvogel	Nahrungsgast zur Brutzeit	Durchzügler und/ oder Wintergast
Flussseeschwalbe		++	++
Weißstorch		++	++
Kormoran		++	++
Rohrdommel		+	+
Zwergdommel	+		
Graureiher		++	+++
Silberreiher		++	+++
Rohrweihe		++	++
Baumfalke		++	++
Neuntöter		++	++
Beutelmeise *		+	+
Bartmeise *		+	+
Uferschwalbe		++	++
Rauchschwalbe		+++	+++
Mehlschwalbe		+++	+++
Feldschwirl	++	++	
Schwarzkehlchen			
Blaukehlchen	++	++	
Schafstelze		++	++
Bachstelze		++	+++
Wiesenpieper		++	++
Rohrammer	++	++	+++

zählten Wasserrallen, Teichhühner, Teichrohrsänger und Rohrammern. Meist bildete die Ufervegetation der Gewässer im Untersuchungsgebiet die einzigen höheren Strukturen in der Wiesenlandschaft. Diese nutzten die Männchen von Blaukehlchen, Schafstelzen, Rohrammern und Schilfrohrsängern als Singwarten, die Nester waren in der Ufervegetation oder in den angrenzenden Wiesen versteckt.

Einige der in den Gewässern festgestellten Arten verlassen die Gewässer während der Brutzeit nie oder nur selten, beispielsweise die Rallen. Andere wie die Rohrammer und Blaukehlchen suchen ihre Nahrung oft auch weiter abseits in den Wiesen und Gräben. Vor allem Blaukehlchen fliegen zur Nahrungssuche häufig schlammige Gräben und Grauweidengebüsche an, die offenen Wiesen dazwischen meiden sie dagegen.

Bei den Untersuchungen Bobergs stellte sich auch heraus, dass die größeren Gewässer von überproportional vielen Brutvögeln angenommen wurden. An Gewässern unter 1000 m² brüteten nur einzelne, in (nur) einem Fall gar keine Vögel. Graugänsen genügten beispielsweise diese kleinen Blänken. In den Gewässern ab 5000 m² brüteten bis zu zehn Arten, unter anderem auch Kraniche und Knäkenten.

Nicht nur „Tankstelle“ für Durchzügler

Auch die Brutvögel der Umgebung nutzen den Nahrungsreichtum der Kleingewässer, denn die Insektenbiomasse, die in den Gewässern „produziert“ wird, ist enorm. Kleine Tümpel und Blänken tragen dazu bei, die von Insekten leergefegte

Bekassinen nutzen schlammige und zertretene Ufer zur Nahrungssuche; sie brüten jedoch in der dichten Vegetation.
Foto: B. Volmer. Dümmer, 11.4.2015.

Knäkenten sind vom Aussterben bedroht. Mit der Anlage von Gewässern im Grünland kann man der Art helfen.
Foto: S. Boberg. Meerbruchswiesen, 14.5.2020.

In solchen flachen und weitgehend bewachsenen Gewässern brüteten unter anderem Schilfrohrsänger, Knäkenten und Kraniche, in manchen Jahren auch Tüpfelsumpfhühner.
Foto: T. Brandt. Meerbruchswiesen, 22.5.2012.

Landschaft mit Biomasse anzureichern. Hunderte Schwalben nutzen die aus dem Wasserkörper aufsteigenden Insekten und auch Neuntöter entdecken die Quelle frisch umgewandelter Libellen schnell, genauso wie die in der Nähe brütenden Baumfalken.

Neben den Vögeln gibt es aber auch andere Nutzer der Wirbellosenfauna: Molche, Frösche und Kröten, in Einzelfällen auch kleinere Fische wie Moderlieschen oder die beiden Stichlinge. Sie kommen in einigen Wiesengewässern in großen Mengen vor und sind selbst wiederum eine bedeutende Nahrungsgrundlage zum Beispiel für Weißstörche, Grau- und Silberreiher oder auch Ringelnattern. Die Flussseeschwalben der kleinen ansässigen Kolonie am Steinhuder Meer oder die Eisvögel aus der Umgebung finden die Gewässer mit Fischen, vor allem die mit Schwärmen der kleinen Moderlieschen, überraschend schnell und fliegen diese regelmäßig an.

Neben den Brutvögeln an den Gewässern bzw. aus deren Umfeld sind aber auch zahlreiche Rastvögel zu finden, die die pflanzliche und tierische Biomasse zum Aufstocken ihrer Fettreserven nutzen. An den Kleingewässern im oben erwähnten Naturschutzgebiet gehören zahlreiche Watvögel wie Rot- und Grünschenkel, Bruch- und Waldwasserläufer, Kampfläufer, Bekassinen und Zwergschnepfen zu den regelmäßigen Besuchern von Kleingewässern. Trupps von Trauerseeschwalben, seltener, aber regelmäßig auch Weißflügel- und Weißbartseeschwalben, sammeln im Mai und Juni Insekten von der Wasseroberfläche der größeren Gewässer, Bach- und Schafstelzen suchen vegetationsfreie Uferbereiche ab.

Blick über den Tellerrand – andere Artengruppen

Gewässer im Grünland haben auch für andere Organismengruppen eine hohe Bedeutung. So konnten in den Gewässern im Naturschutzgebiet Meerbruchswiesen elf sich fortpflanzende Amphibienarten nachgewiesen werden, darunter die europaweit geschützten (FFH-) Arten Kammmolch, Knoblauch- und Kreuzkröte, Moor- und Laubfrosch. Fast 40 Libellenarten stellte D. Ehrenberg im Rahmen ihrer Bachelorarbeit in 19 genauer untersuchten Gewässern fest. Das ist etwa die Hälfte aller in ganz Deutschland nachgewiesenen Arten. Außerdem fanden Biologen in 14 Stichprobengewässern in den Meerbruchswiesen 36 Schwimmkäfer- (Dytiscidae) und 20 Wasserkäferarten (Hydrophilidae) sowie 17 Wasserwanzenarten. Zur Freude

Dasselbe Gewässer aus fast derselben Perspektive während der Bauarbeiten am 23.9.2011 (a), am 23.6.2014 (b), am 9.6.2015 (c) und am 7.6.2018 (d). In diesem Fall wurde ein altes, verlandetes und zum Teil verfülltes Auengewässer wieder geöffnet und zu einem wertvollen Lebensraum entwickelt. Fotos: T. Brandt, Meerbruchswiesen.

Neben zahlreichen Vögeln leben auch seltene Amphibienarten in Kleingewässern – im Bild ein Laubfrosch. Foto: T. Brandt. Meerbruchswiesen, 23.4.2007.

der Naturschützer hat sich in den Gewässern auch eine Population von Schlammpeitzgern, eine europaweit geschützte Fischart, etablieren können. Die Kleingewässer des Feuchtgrünlandgebietes haben in den Meerbruchswiesen zusammen gerade einmal einen Flächenanteil von 2 % an der gesamten Gebietskulisse, die gewonnene Artenvielfalt und Biomasse hat dagegen eine enorme Relevanz für den Artenschutz.

Gewinn für das Grünland

Es zeigt sich, dass der Wert von Feuchtgrünlandflächen durch die Anlage naturnaher Gewässer noch erheblich gesteigert werden kann. Ein Misch aus periodisch Wasser führenden Tümpeln und Blänken und solchen mit permanenter Wasserführung ist sinnvoll. Amphibien haben es schwer in von Fischen besiedelten Gewässern, ihnen helfen flache und periodisch austrocknende Gewässer. Seltene oder mittlerweile im Bestand rückläufige Fischarten kann man mit tieferen Gewässern fördern. Im Rahmen von großflächig und auf lange Zeit angelegten Naturschutzprojekten können durch die zeitlich versetzte Anlage von Wiesengewässern aller Sukzessionsstadien heterogene Lebensraumkulissen geschaffen werden, von Offenbodentümpeln bis hin zu voll entwickelten Kleingewässern mit Röhricht-, Schwimmblatt- und Tauchblattzone. Auf diese Weise kann eine weite Bandbreite von Strukturen entstehen, die von Arten mit ganz unterschiedlichen Ansprüchen genutzt werden.

Gewässer anlegen ist allerdings meist nur auf Flächen im „Eigentum des Naturschutzes" oder zum Beispiel auf Flächen für Ausgleichsmaßnahmen möglich. Auf Vertragsnaturschutzflächen wird man keine so gravierenden Änderungen vornehmen dürfen. Auch kleine Gewässer müssen – darüber muss man sich vorher rechtzeitig Gedanken machen – gepflegt werden. Von Weidenbüschen oder Schwarzerlen zugewachsene Tümpel sind in einer offenen Wiesenlandschaft unerwünscht und werden zum Beispiel von den seltenen Wiesenlimikolen wie Brachvogel, Uferschnepfe oder Kiebitz gemieden. Eine extensive Beweidung von Gewässern ist durchaus gewollt. Die an nicht beweideten Gewässern aufwachsenden Gehölze können im mehrjährigen Turnus mit einem Bagger entnommen werden. Grundsätzlich gilt: Eine Vielfalt unterschiedlicher Gewässer, die sich zum Beispiel in Größe, Wasserführung, Vegetation und Nutzungsweise des Umfelds unterscheiden, schafft Lebensmöglichkeiten für viele Tier- und Pflanzenarten und bietet auch den unterschiedlichsten Gilden unter den Vögeln Brut- und Rastmöglichkeiten.

Thomas Brandt, Stefan Boberg

An Gewässern ohne Beweidung wachsen meist Gehölze auf, die dort, wo sie nicht erwünscht sind, bedarfsweise mithilfe eines Baggers entfernt werden können. Foto: T. Brandt. Meerbruchswiesen, 26.10.2020.

Literatur zum Thema

Bloechl A, Könemann S, Philippi B, Melber A 2010: Abundance, diversity and succession of aquatic Coleoptera and Heteroptera in a cluster of artifical ponds in the North German Lowlands. Limnologica 40: 215-225.

Boberg S 2017: Die Avifauna neu angelegter Kleingewässer im NSG Meerbruchswiesen (Niedersachsen). Bachelorarbeit. Hochschule Osnabrück.

Brandt T, Buschmann H 2004: Die Herpetofauna des Landschaftsschutzgebietes „Feuchtgebiet internationaler Bedeutung Steinhuder Meer" in Niedersachsen. Zeitschrift für Feldherpetologie 11: 1-40.

Ehrenberg D 2017: Vorkommen von Libellen (Odonata) an Stillgewässern im Naturschutzgebiet Meerbruchswiesen am Steinhuder Meer, Niedersachsen. Bachelorarbeit, Hochschule Osnabrück.

Finch O, Brandt T 2017: Möglichkeiten und Grenzen des Fischbestandsmanagements in Kleingewässern. Naturschutz und Landschaftsplanung 49: 117-125.

Wartlick M, Lüers E, Brandt T 2017: Die Verbreitung von Amphibien in „Naturschutzgewässern" der westlichen Steinhuder Meer-Niederung, Niedersachsen. Rana 18: 18-37.

Thomas Brandt ist Diplombiologe und Diplomingenieur für Umweltsicherung. Seit 2001 ist er Mitglied in der Fachredaktion von DER FALKE. Hauptberuflich ist er als wissenschaftlicher Leiter der Ökologischen Schutzstation Steinhuder Meer (ÖSSM e.V.) beschäftigt. Seit September 2017 ist er Vorsitzender der Niedersächsischen Ornithologischen Vereinigung (NOV).

Stefan Boberg studierte in Osnabrück Landschaftsentwicklung und arbeitet seit 2017 in einem Planungsbüro in Osnabrück. Hier befasst er sich unter anderem mit Bestandserfassungen von Brut- und Gastvögeln, Amphibien, Libellen und Heuschrecken. Weitere Arbeitsschwerpunkte bilden Gutachten im Bereich des Artenschutzes und der Landschaftsplanung.

Mit der Wiederherstellung natürlicher Überflutungsverhältnisse sind die Karrendorfer Wiesen zu einem bedeutenden Rastgebiet für Wasser- und Watvögel geworden. Als Brutgebiet haben sie die Erwartungen jedoch nur teilweise erfüllt.
Foto: C. Herrmann. 9.10.2011.

RENATURIERUNG, FLÄCHENMANAGEMENT UND PRÄDATORENKONTROLLE AN DER KÜSTE MECKLENBURG-VORPOMMERNS:

Hoffnung für die Küstenvögel?

Die Küste Mecklenburg-Vorpommerns ist stark gegliedert und durch ein vielfältiges Lebensraummosaik geprägt. Diese Lebensräume unterliegen ständigen Veränderungen. Entlang der Bodden finden sich brackwassergeprägte Salzwiesen, Strandseen sowie offene oder grasbewachsene Strandwälle und Dünen. Sedimente werden abgetragen und wieder abgelagert, es bilden sich Sandbänke und Nehrungen. Diese Lebensräume sind Heimat für zahlreiche seltene und bedrohte Küstenvogelarten – sofern die landwirtschaftliche Nutzung ihren Bedürfnissen entspricht und der Prädationsdruck dies zulässt.

Die ursprüngliche Gesamtfläche der Gebiete, die dem Überflutungsregime der Ostsee unterlagen, betrug circa 42 000 ha. Der überwiegende Teil wurde landwirtschaftlich genutzt, als Weide oder Mähweide. Unter dem Einfluss der regelmäßigen Überflutung und der Beweidung durch Rinder entstanden die charakteristischen Salzwiesen der Boddenlandschaft. Diese boten einen hervorragenden Lebensraum für Wiesenlimikolen. Kiebitz, Rotschenkel, Alpenstrandläufer und Kampfläufer waren einst verbreitete Brutvogelarten, Uferschnepfe und Säbelschnäbler traten lokal auf. Auf kleinen Inseln brüteten Seeschwalben und Möwen in großer Zahl.

Zum Schutz der Flächen vor Sommerhochwässern und zur Verbesserung der Bewirtschaftungsfähigkeit wurden bereits im 19. Jahrhundert Sommerdeiche und Entwässerungsgräben angelegt. Zu Beginn des 20. Jahrhunderts entstanden dann auch Einrichtungen zur aktiven Flächenentwässerung – zunächst waren dies Windschöpfwerke. In den 1960er und Anfang der 1970er Jahre wurden die meisten Flächen schließlich im Rahmen der Komplexmelioration grundlegend umgestaltet: Die Deiche wurden erhöht, leistungsstarke elektrische Pumpen ermöglichten eine ganzjährige Regulation des Wasserhaushalts, die Flächen wurden umgebrochen und intensiv landwirtschaftlich genutzt. Zum Ende dieser Entwicklung war der überwiegende Teil der Küstenüberflutungsgebiete eingedeicht und wurde aktiv entwässert, nur noch circa 11 000 ha ungedeichter Flächen waren verblieben. Dies waren überwiegend kleinere Flächen, für die sich der Meliorationsaufwand nicht lohnte. Aus den intensiv genutzten Polderflächen verschwanden die Vogelarten der Salzwiesen, sie zogen sich auf die verbliebenen Feuchtwiesen zurück. Die Bestände von Kiebitz und Rotschenkel nahmen stark ab. Der Alpenstrandläufer, im 19. Jahrhundert noch ein überall verbreiteter Brutvogel, ist heute verschwunden, für den Kampfläufer gelingen nur noch vereinzelt Brutnachweise.

Mit Windschöpfwerken begann die aktive Entwässerung der Salzwiesen an der Küste. Hier ein Schöpfwerk in Ludwigsburg bei Greifswald im Jahr 1960. Foto: H. Herrmann.

Wiederherstellung von Lebensräumen durch Ausdeichung

Mit der deutschen Wiedervereinigung veränderten sich die ökonomischen Rahmenbedingungen für die Polderwirtschaft: Die staatliche Förderung für den Betrieb der Schöpfwerke und die Unterhaltung der Deiche wurde zurückgefahren, gleichzeitig wurde die extensive Beweidung im Rahmen des Landesprogramms „Naturschutzgerechte Grünlandnutzung“ gefördert. Die Salzwiesen waren dabei von Anfang an ein Förderschwerpunkt des Programms. Unter diesen Voraussetzungen wurde bereits 1992/1993 das erste große Renaturierungsprojekt umgesetzt: Die Ausdeichung der Karrendorfer Wiesen bei Greifswald. Im Zuge einer komplexen Baumaßnahme wurden die Deiche und Schöpfwerke zurückgebaut und auf 280 ha die natürlichen Überflutungsverhältnisse wiederhergestellt. Den Karrendorfer Wiesen folgten weitere Projekte. Eine Sturmflut am 4./5. November 1995 zerstörte die Deiche an der Ziesemündung bei Greifswald und am Anklamer Stadtbruch, circa 100 bzw. 1700 ha wurden dabei geflutet. Die Deiche dieser beiden Polder wurden danach aufgegeben und später zurückgebaut. Eine Reihe von Projekten wurde im

Die Karrendorfer Wiesen vor der Renaturierung im Jahr 1992. Im Hintergrund die Gebäude des Friedrich-Löffler-Instituts auf dem Riems. Foto: R. Abraham.

Zuge von Kompensationsmaßnahmen für den Straßenbau, die Erdgasleitung Nord Stream, den Ausbau von Bundeswasserstraßen, den Bau von Küstenschutzanlagen und andere Eingriffe in Natur und Landschaft umgesetzt. Naturschutzgroßprojekte wie zum Beispiel die „Ostrügensche Boddenlandschaft" oder „Schatz an der Küste – Nachhaltige Entwicklung zum Schutz der biologischen Vielfalt in der Region Boddenlandschaft und Rostocker Heide" setzten ebenfalls Projekte zur Renaturierung von Küstenpoldern um. Im Rahmen des Moorschutzprogramms des Landes Mecklenburg-Vorpommern wurden weitere Polder wiedervernässt. Und nicht zuletzt wurden auch Kommunen aktiv: Die Hansestadt Greifswald öffnete bereits 1995 mit Finanzierung aus eigenen Haushaltsmitteln die Deiche eines kleineren Polders bei Ladebow, die Gemeinde Wustrow auf dem Fischland renaturierte im Rahmen eines Ökokontos die auf ihrem Gebiet liegenden Salzwiesen. Beginnend mit den Karrendorfer Wiesen im Jahr 1993 bis zum jetzigen Zeitpunkt wurden an der Küste Mecklenburg-Vorpommerns insgesamt 4750 ha Polderflächen wieder ausgedeicht.

Der Rückbau des Deiches im Zuge der Renaturierung der Karrendorfer Wiesen im Spätsommer 1993.
Foto: R. Abraham.

Die Wiederherstellung natürlicher Überflutungsverhältnisse allein schafft jedoch noch keine Lebensräume für Wiesenbrüter. Kurzrasiges Salzgrasland entsteht nur unter dem Einfluss der Beweidung durch Rinder, ohne Beweidung verschilfen die Flächen. Die Bewirtschaftung der renaturierten Flächen erweist sich dabei oftmals als schwierig: Die jahrzehntelange Entwässerung führte zur Zersetzung und Sackung der Torfauflagen, die Flächen liegen heute tiefer als vor ihrer Eindeichung. Ein größerer Flächenanteil ist dauerhaft überstaut, weitere Flächenanteile sind so nass, dass sich Röhrichte durchsetzen. Diese gehören zwar zum natürlichen Mosaik der Salzwiesenlebensräume, auf großen Flächenanteilen stehen sie jedoch dem Ziel, Lebensräume für Wiesenbrüter zu schaffen, entgegen. Röhrichte bedeuten nicht nur einen Verlust potenzieller Lebensraumfläche für diese Arten, sie bieten auch Versteckmöglichkeiten und Schutz für Wildschweine und Raubsäuger. Allein durch Beweidung lassen sich die Röhrichte zumeist nicht begrenzen. Ergänzend ist eine Mahd mit angepasster Spezialtechnik erforderlich. Auch Wasserbüffel kommen mitunter zum Einsatz.

Ein Mosaik von Salzwiesen, Wasserflächen und Röhrichten prägt heute die Karrendorfer Wiesen.
Foto: C. Herrmann. Karrendorfer Wiesen, 23.10.2011.

Nicht nur der Verlust von Lebensräumen ist ein Problem …

Schon in den 1970er Jahren wurde die Prädation durch Füchse als ein wesentliches Problem des Küstenvogelschutzes wahrgenommen. Damals dezimierten jedoch Tollwutepidemien zumindest zeitweise die Fuchsbestände. Außerdem wurde in der DDR an die Jäger eine Erlegungsprämie gezahlt. Infolge der Tollwutimmunisierung zu Beginn der 1990er Jahre nahmen die Fuchsbestände erheblich zu. Mit Marderhund, Waschbär und Mink wanderten neue Prädatoren ein. Gelegentlich richten auch Wanderratten Schäden an und müssen entsprechend bekämpft werden.

In Mecklenburg-Vorpommern werden die Küstenvogelbrutgebiete durch Vereine oder auch Einzelpersonen betreut. Die Betreuung wird durch die Arbeitsgemeinschaft Küstenvogelschutz koordiniert. In der Arbeitsgemeinschaft sind die Betreuer der Brutgebiete und die Naturschutzbehörden, die für diese Gebiete zuständig sind, vertreten. Im Jahr 2006 beschloss die AG Küstenvogelschutz ihre „Strategie eines Raubsäugermanagements in den Küstenvogelschutzgebieten von Mecklenburg-Vorpommern". Nach dieser Strategie verfolgt das Raubsäugermanagement das Ziel, den Einfluss von Fuchs, Mink, Marderhund, Marder und Waschbär sowie von Wildschweinen in den wichtigsten Brutgebieten in der Brutzeit soweit wie möglich auszuschließen. Priorität haben dabei die Gebiete, in denen die Erfolgsaussichten eines Raubsäugermanagements hoch sind

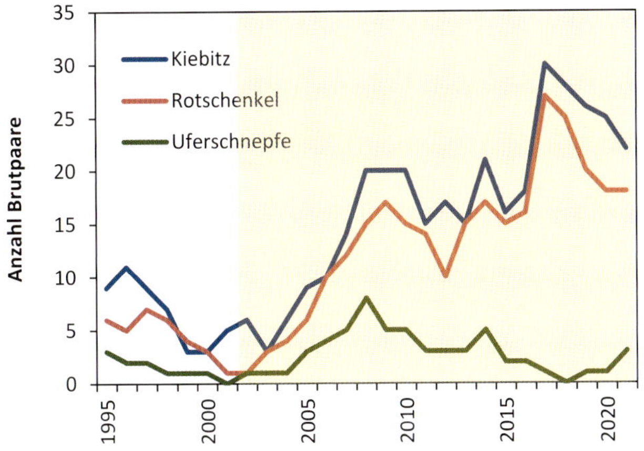

Seit 2002 ist der Riether Werder weitgehend raubsäugerfrei. Die Brutbestände von Kiebitz, Rotschenkel und Uferschnepfe haben seitdem deutlich zugenommen.

Gerade flügge gewordener Kiebitz. Das Raubsäugermanagement ist eine Voraussetzung für den Bruterfolg in den Küstenvogelbrutgebieten. Foto: G. Zieger. 19.8.2017.

– also die Inseln und Halbinseln. In den Gebieten mit breiter Anbindung zum Festland sind die Erfolgsaussichten hingegen weniger günstig. Bei intensiver Bejagung ist es zwar möglich, den Prädationsdruck durch Raubsäuger zu reduzieren, ein vollständiges Freihalten der Gebiete von Prädatoren gelingt zumeist jedoch nicht. Inzwischen ist es eine alljährliche Tradition, vor Beginn der Brutsaison die Inseln und Halbinseln auf die Anwesenheit von Raubsäugern zu kontrollieren und diese gegebenenfalls zu erlegen. Dabei kommen auch speziell ausgebildete Bauhunde zum Einsatz. Diese Jagdwoche wird von Gebietsbetreuern, die gleichzeitig auch Jäger sind, organisiert. Sie werden dabei auch von Jägern aus anderen Bundesländern, die über entsprechende Hunde verfügen, unterstützt. Für die Inseln, die weitab der Küste liegen, ist die Bejagung im Frühjahr ausreichend. Halbinseln und Inseln mit leichterem Zugang für Raubsäuger werden nach der Bejagung zusätzlich durch Elektrozäune geschützt. Ergänzend kommen auch Lebendfallen zum Einsatz.

Erfolgsrezept für Inseln

Nach der Ausdeichung wurde die Brutvogelwelt der Karrendorfer Wiesen kontinuierlich erfasst. Auf eine rasche Eroberung des neu entstandenen Lebensraumes durch Limikolen und Entenvögel folgte bald wieder ein Rückgang der Brutbestände. Trotz intensiver, ganzjähriger Bejagung ist es nicht möglich, Brutverluste durch Fuchs, Waschbär, Marderhund und Wildschweine zu verhindern, zu stark ist der Zuwanderungsdruck. Rotschenkel, Kiebitz und Säbelschnäbler brüten zwar alljährlich in den Karrendorfer Wiesen und sie haben gelegentlich auch Bruterfolg – die Siedlungsdichte liegt jedoch deutlich unter derjenigen, die auf Inseln und Halbinseln mit günstigeren Voraussetzungen für die Prädatorenkontrolle zu beobachten ist. Die Karrendorfer Wiesen sind zweifelsohne ein außergewöhnliches Gebiet für rastende und durchziehende Wasser- und Watvögel. Im Hinblick auf die Brutvogelwelt haben sich die Hoffnungen jedoch nur zum Teil erfüllt.

Anders ist hingegen die Situation auf den Inseln und Halbinseln. Eines der Erfolgsbeispiele ist der Riether Werder. Diese nur 82 ha große Insel im Oderhaff, unmittelbar an der polnischen Grenze gelegen, ist seit 2002 nahezu durchgehend raubsäugerfrei. Die aktive Entwässerung der Insel wurde Mitte der 1990er Jahre eingestellt, der sie umgebende Deich im Jahr 2004 geöffnet. Die aufwachsenden Schilfbestände wurden durch Einsatz von Spezialtechnik und Rinderbeweidung zurückgedrängt. Vor diesen Maßnahmen brüteten nur einige wenige Paare Kiebitze, Rotschenkel, Enten und Graugänse auf der Insel, vereinzelt unternahmen auch Uferschnepfen zumeist erfolglose Brutversuche. Schon bald nach dem Verschwinden der Raubsäuger nahmen die Brutbestände von Kiebitz und Rotschenkel, Reiherente, Löffelente, Tafelente, Stock- und Krickente deutlich zu. Die Uferschnepfe wurde alljährlicher Brutvogel mit ein bis acht Paaren. Im Jahr 2007 siedelten sich Lachmöwen an, 2011 folgten Flussseeschwalben. Mit 12 000 Brutpaaren beherbergt der Riether Werder heute die größte Lachmöwenkolonie Deutschlands, die Flussseeschwalbenkolonie umfasst 125 bis 190 Paare.

Christof Herrmann

Literatur zum Thema

AG Küstenvogelschutz MV: Jahresberichte 2013–2020. Alljährlich in: Seevögel, Heft 3; www.lung.mv-regierung.de/insite/cms/umwelt/natur/artenschutz/as_voegel.htm

Herrmann C, Holz R 1997: Küstenüberflutungsräume zwischen Ökologie und Ökonomie – Probleme und Perspektiven. Schr.-R. Landschaftspfl. U. Naturschutz 52: 37–44.

Holz R, Herrmann C, Müller-Motzfeld G 1996: Vom Polder zum Ausdeichungsgebiete: Das Projekt Karrendorfer Wiesen und die Zukunft der Küstenüberflutungsgebiete in Mecklenburg-Vorpommern. Natur und Naturschutz in MV 32: 3–27.

Holz R 1996: Brutvogelbestände ausgedeichter Grünlandflächen am Greifswalder Bodden – eine einjährige Bilanz. Natur und Naturschutz in MV 32: 130–135.

Küger S 2020: Deichrückverlegung an der deutschen Ostseeküste – eine Ökosystemleistungs-Analyse. Ornithol. Rundb. MV 49, Sonderheft 1 (Tagungsband des 12. Deutschen See- und Küstenvogelkolloquiums 2018): 37–60.

Nikelski, G 2018: Leitbild für Küstenüberflutungsräume. Natur und Naturschutz in MV 46: 39–46.

Schiefelbein U 2018: Was kam nach den Karrendorfer Wiesen? – Über Ausdeichungen an der Ostseeküste Mecklenburg-Vorpommerns. Natur und Naturschutz in MV 46: 19–34.

Seifert N, Herrmann C 2020: 25 Jahre Ausdeichung der Karrendorfer Wiesen – positive Tendenzen in der Bestandsentwicklung der Küstenvögel? Ornithol. Rundb. MV 49, Sonderheft 1 (Tagungsband des 12. Deutschen See- und Küstenvogelkolloquiums 2018): 14–36.

Christof Herrmann, Biologe, ist Leiter der Beringungszentrale Hiddensee am Landesamt für Umwelt, Naturschutz und Geologie Mecklenburg-Vorpommern in Güstrow sowie Leiter der AG Küstenvogelschutz MV.

Neuntöter und Tauruskuh: Würger gehören zu den Arten, die durch „Wilde Weiden" besonders gefördert werden.
Foto: M. Bunzel-Drüke. Klostermersch, 12.6.2019.

VÖGEL DER „WILDEN WEIDEN":

Naturnahe Beweidung als Konzept des Naturschutzes

Wiesen und Weiden, wie wir sie heute kennen, sind vom Menschen erschaffen. Sie bieten vielen Arten Lebensraum. Im Naturschutz bemühen wir uns, alte, extensive Wirtschaftsformen zu erhalten. Seit einigen Jahren gibt es jedoch ein neues Konzept, das zusätzlich zu den klassischen Pflegemethoden Natur entwickeln will: die „Wilden Weiden". Einige aus dem Buch „Naturnahe Beweidung und NATURA 2000" herausgegriffene Beispiele werden hier vorgestellt.

Vögel sind an verschiedene Biotope angepasst, die oft bestimmten Sukzessionsstadien während der allmählichen Veränderung von der offenen Flur zum geschlossenen Wald entsprechen. Ohne die Landwirtschaft oder „natürliche Störungen“ wie Feuer, Insektenkalamitäten oder Huftiere wären viele offene oder halboffene Lebensräume und damit die darauf spezialisierten Vogelarten in Mitteleuropa selten.

Die „Wilden Weiden“ versuchen, den ursprünglichen Prozess der Landschaftsgestaltung durch große pflanzenfressende Säugetiere wieder in Gang zu setzen. Dabei werden in geringer Dichte robuste Haustierrassen und vereinzelt auch Wildtiere eingesetzt. Wichtige Eckpunkte sind:

- ganzjähriger Weidegang möglichst ohne Zufütterung
- Besatzstärke (mittlere Dichte über das Jahr) von 0,1 bis 1,0 Großvieheinheiten pro Hektar (1 GVE entspricht etwa einer erwachsenen Kuh)
- große Flächen (möglichst größer als 50 ha) mit verschiedenen Lebensräumen, auch Gewässern und Gehölzen
- als Weidetierarten insbesondere Grasfresser (v. a. Rind, Pferd, Wasserbüffel) möglichst in Mischbeweidung und in artgerechter Sozialstruktur
- keine Düngung, Pestizide oder regelmäßige Weidepflege, keine vorsorgliche Parasitenbehandlung der Weidetiere

Mit der naturnahen Ganzjahresbeweidung lassen sich je nach Huftierdichte verschiedene Landschaftstypen erzeugen: von sehr offenen Grasfluren über „halboffene“ Weidelandschaften bis zu lichten Wäldern. Dabei spielen natürlich auch weitere Faktoren wie Boden, Grundwasser oder die Vorgeschichte der Flächen eine erhebliche Rolle.

„Wilde Weiden“ als Offenland

Offenes Grasland von Salzrasen über Feuchtwiesen bis hin zu Steppen ist Lebensraum unter anderem von rastenden Gänsen, wiesenbrütenden Limikolen, Wachtel und Wachtelkönig, Sumpfohreule und Großtrappe.

Eine der größten und ältesten Ganzjahresweiden in Mitteleuropa sind die **Oostvaardersplassen in den Niederlanden**. Das 1968 eingedeichte, sehr fruchtbare Gebiet ist ohne die großen Wasser- und Sumpfflächen 1892 ha groß und wird seit 1983 ganzjährig von Heckrindern bewei-

Foto: O. Zimball. Oostvaardersplassen, Niederlande, 13.10.2007.

Foto: M. Scharf. Klostermersch, 22.04.2011.

Abhängig von der Dichte der Weidetiere können durch naturnahe Ganzjahresbeweidung Lebensräume von offenen Grasfluren (oben) über halboffene Mosaiklandschaften (Mitte) bis zu lichten Wäldern (unten) entstehen. Foto: M. Bunzel-Drüke. Rumänien, Mai 2005.

det; 1984 kamen Konikpferde und 1992 Rothirsche hinzu. Vom Projektbeginn bis zum Jahr 2000 wuchsen die Huftierbestände stetig, dann erreichten zunächst die Rinder, danach die Pferde und schließlich die Hirsche offenbar die Kapazitätsgrenze der Flächen. 2012 ergaben Zählungen über 300 Heckrinder, über 1000 Koniks und rund 3500 Rothirsche; das entspricht 2,58 Huftier-Individuen pro Hektar oder einer mittleren Dichte von mehr als einer GVE/Hektar in den Jahren 2008 bis 2012.

Die großen Pflanzenfresser hielten fast das gesamte Gebiet offen, sodass 2012 rund 77 % von kurz gefressenem Grasland („Weiderasen") bedeckt waren, mit rückläufigen Zahlen von Röhricht, Hochstaudenfluren und Gehölzen.

Ziel der Beweidung war es, die Nahrungsbedingungen für Gänse zu verbessern; das ist gelungen. Das Gebiet hat eine große Bedeutung für Durchzügler und Wintergäste. So wurden bis zu 15 000 Weißwangengänse gezählt, außerdem jeweils mehr als 10 000 Pfeifenten, Kiebitze und Goldregenpfeifer.

Kiebitze schätzen kurzrasige Vegetation, wie sie in den Oostvaardersplassen vorherrscht.
Foto: M. Bunzel-Drüke, Lippborg, 9.4.2015

Brutvogelkartierungen in den Jahren 1997, 2002, 2007 und 2012 belegen jedoch, dass die meisten brütenden Arten Rückgänge gegenüber den Beständen der ersten Jahre zeigten und einige sogar verschwanden. Von 55 in allen Jahren erfassten und nicht zu seltenen Vogelarten hatten nur sechs Bestandszunahmen: Tafelente und Austernfischer (auf jeweils 0,4 Paare/100 ha), Säbelschnäbler und Kiebitz (jeweils 2 Paare/100 ha), Rabenkrähe (1,9 Paare) und Star (1,3 Paare). Ihren Bestand in etwa halten konnten 11 Arten (darunter Wasserralle, Rotschenkel und Gartenrotschwanz), 38 Arten wiesen negative Bestandstrends auf, unter anderem Kuckuck und Braunkehlchen.

Die hohe Huftierdichte in den Oostvaardersplassen begünstigt Gänseschwärme, wirkt sich aber für die meisten Brutvögel negativ aus. Zu einem ähnlichen Ergebnis kommen niederländische Untersuchungen für Salzwiesen in Saisonbeweidung: Hohe sommerliche Weidetierdichten von einem Pferd oder Rind pro Hektar zogen Weißwangen- und Ringelgänse vor allem im Herbst an. Die entstehende kurzrasige Vegetation war auch attraktiv für brütende Kiebitze, Säbelschnäbler und Alpenstrandläufer, während Austernfischer und Rotschenkel die reicher strukturierte Vegetation von Saisonweiden mit 0,5 Huftieren pro Hektar bevorzugten.

Die **Teichwiesen bei Stressenhausen in Thüringen** sind 67 ha groß. Etwa 85 % der Weidefläche besteht aus eutrophem, überwiegend feuchtem oder nassem Grünland; den Rest machen Röhrichte und Großseggenrieder, Kleingewässer, eine Hecke und Halbtrockenrasen aus. Im April 2009 begann eine Ganzjahresbeweidung mit Heckrindern und Koniks. Die Dichte betrug anfangs 0,3 GVE/ha, stieg bis 2014 auf 0,8 GVE/ha und erreichte 2018 1,1 GVE/ha.

Kartierungen ausgewählter Brutvogelarten 2006 bis 2017 ergaben nach dem Beginn der naturnahen Beweidung zunächst ansteigende Bestände von Wachtelkönig, Bekassine, Braunkehlchen, Blaukehlchen und Wiesenpieper, danach jedoch zeigten die untersuchten Arten bis auf die Bekassine Rückgänge, verursacht durch die hohe Besatzstärke der Weidetiere.

Charakteristika „Wilder Weiden"

Für Vögel wesentliche Unterschiede der „Wilden Weiden" gegenüber anderen Bewirtschaftungsformen sind:

- höhere Grenzliniendichte zwischen verschieden stark von den Weidetieren genutzten Bereichen, außerdem mehr Kleinstrukturen wie Rohböden, Suhlen, vorjährige Stängel von Hochstauden, Wiesenameisennester, heckenartige Dornbuschbestände, Totholz
- Vegetation allgemein lockerer und besser durchdringbar, im Mittel mehr Wärme in Bodennähe
- Gewässerufer abschnittsweise gehölzfrei
- höhere Insektendichte durch ganzjähriges Dung-Angebot von nicht prophylaktisch gegen Parasiten behandelten Huftieren sowie durch blüten- und strukturreichere Pflanzenbestände
- höheres Angebot von ausreifenden Pflanzensamen zum Beispiel in Hochstaudenfluren und an Beerensträuchern
- weniger Störungen durch Menschen

Halboffene Weidelandschaften und Hudewald

Zahlreiche Vogelarten kommen in reich strukturierten Weidelandschaften vor. In Schleswig-Holstein werden als durch Ganzjahresweiden geförderte Arten unter anderem Wachtelkönig, Neuntöter, Braunkehlchen und Bluthänfling aufgeführt. Vogelarten, die von den Waldweiden Fennoskandiens profitieren, sind Neuntöter,

Blauracke, Mittel- und Weißrückenspecht. Auf iberische Dehesas – beweidete Stein- und Korkeichenhaine – angewiesen sind unter anderem Schlangenadler, Rot- und Schwarzmilan, Kranich, Turteltaube, Blauracke, Heidelerche, Raub- und Rotkopfwürger.

Für einige überwiegend insektenfressende Arten wie Nachtschwalbe, Blauracke, Wiedehopf, Wendehals, die Würger, Heidelerche, Sperbergrasmücke und Braunkehlchen stellen diese Lebensräume Optimalhabitate dar. Für andere Arten sind Ganzjahresweiden nur einer von mehreren nutzbaren Biotoptypen. So besiedelt das Birkhuhn „Kampfzonen" des Waldes: Hochmoorränder, die Baumgrenze im Gebirge oder das Gehölz-Offenland-Mosaik halboffener Weidelandschaften wie der Lüneburger Heide.

Die Brutvogelbestände auf zehn „Wilden Weiden" in Schleswig-Holstein wurden intensiv untersucht. Die Flächen waren zwischen 10 und 40 ha groß; alle wurden mit Rindern, drei zusätzlich mit Pferden beweidet, in Dichten zwischen 0,3 bis 0,6 GVE/ha. Bei neun Flächen lag der Projektbeginn zwischen vier und neun Jahre zurück, bei einer Fläche 33 Jahre. Brutvogelerfassungen im Jahr 2009 auf den „Wilden Weiden" und auf konventionell genutzten Vergleichsflächen ergaben für die Arten Feldlerche und Baumpieper signifikant höhere Dichten auf den Ganzjahresweiden. Bei Neuntöter, Braunkehlchen, Wiesenpieper und Rohrammer ließen sich die höheren Zahlen auf den Ganzjahresweiden statistisch nicht absichern. Die Gesamtsiedlungsdichten und Artendichten lagen auf den „Wilden Weiden" jedoch signifikant höher.

Die sukzessive vergrößerten Ganzjahresweiden in den Schutzgebieten **„Klostermersch"** und **„Hellinghauser Mersch" in Nordrhein-Westfalen** umfassten 2014 (ohne große Wasserflächen) 94 und 69 ha. Die nährstoffreichen Auen entlang der renaturierten Lippe waren zu Projektbeginn Intensivgrünland oder Acker. Die Beweidung begann 1991 auf einer kleinen Fläche mit Heckrindern, 1993 konnte die Weide auf 39 ha erweitert werden. Im Jahr 2002, als die beiden Teilflächen zusammen 144 ha erreichten, wurden Koniks zu den Rindern gestellt. Die durchschnittliche Weidetierdichte betrug 0,25 bis 0,4 GVE/ha. Allmählich entwickelte sich die Vegetation von Mähwiese zu einer Mosaiklandschaft. Brutbestandsaufnahmen ausgewählter Vogelarten fanden ab 1993 statt.

Der Wachtelkönig erreichte seine höchste Abundanz in den ersten Jahren nach Aufnahme der Beweidung und wurde dann wieder seltener; bis heute treten aber immer noch Rufer auf. Die in der Lippeaue entstehende Mosaiklandschaft aus Weiderasen, Büschen und Hochstauden mit teilweise scharfen Grenzlinien zwischen den Vegetations-Strukturtypen bietet dem Wachtelkönig nicht so viele geeignete Habitate wie das einheitlichere Grünland zu Beginn des Projektes. Höchste Dichten erreicht die Art typischerweise in frühen Sukzessionsstadien nicht mehr genutzten Grünlands.

Erst dreizehn Jahre nach dem Beginn der Beweidung siedelte sich der Neuntöter an, als allmählich Schlehen-, Rosen- und Weißdornbüsche erschienen; mit mehr als zwei Revieren pro 10 ha hatte er 2018 sein Bestandsmaximum noch nicht erreicht.

In den Hochstaudenfluren brüten unter anderem viele Sumpfrohrsänger (bis Paare/10 ha), dadurch bestehen stets mehrere Kuckucksreviere. Im Winter nutzen Stieglitze und andere Finken in Schwärmen von bis zu 1500 Individuen die Fruchtstände vor allem der Disteln und Karden.

Im FFH-Gebiet **„Tote Täler südwestlich Freyburg" in Sachsen-Anhalt** werden seit dem Frühjahr 2009 87 ha Kalktrockenra-

Bestandsentwicklung von vier Vogelarten in der Oranienbaumer Heide, Sachsen-Anhalt.

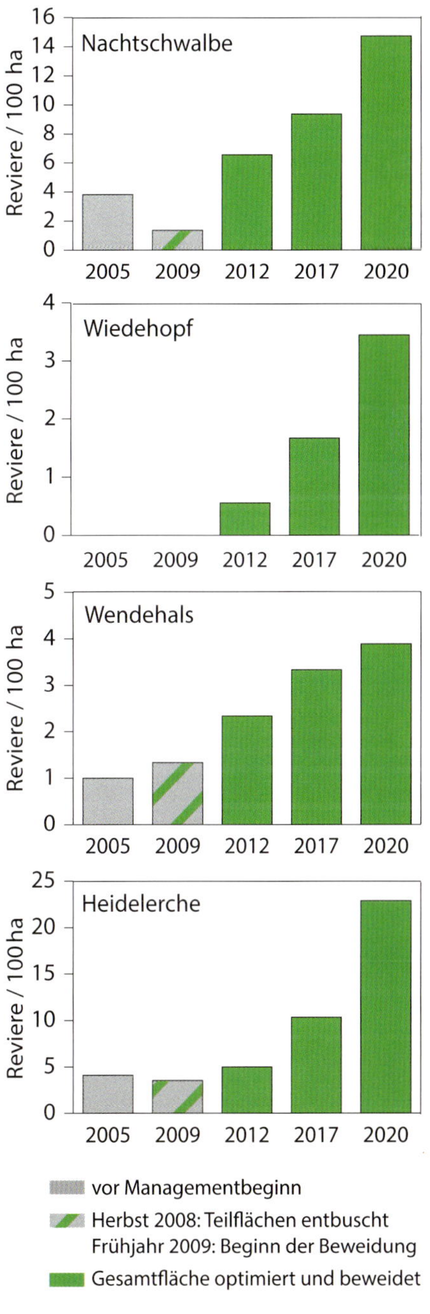

Der Wendehals findet auf naturnahen Weiden Wiesenameisen. Foto: B. Glüer. Halberstadt, 13.5.2010.

Naturnahe Ganzjahresbeweidung führte in der Oranienbaumer Heide in Sachsen-Anhalt zu einem Bestandsanstieg der Nachtschwalbe. Foto: M. Bunzel-Drüke. Kreis Viersen, 27.6.2014.

sen ganzjährig von Konikpferden in einer maximalen Dichte von 0,3 GVE/ha beweidet. 2009 bis 2012 fanden Vogelbestandsaufnahmen statt. Auf der Pferdeweide stiegen von 2010 auf 2011 die Zahlen von Wendehals, Neuntöter, Heide- und Feldlerche, Baumpieper und Goldammer, nachdem die Bestände auf diesen Flächen vor Beginn der Beweidung mehr oder weniger gleich geblieben waren.

Von circa 300 ha am Projektbeginn 2008/2009 wurde die Ganzjahresweide **Oranienbaumer Heide in Sachsen-Anhalt** kontinuierlich auf 800 ha im Frühjahr 2013 vergrößert. Auf großen Teilflächen fanden außerdem Entbuschungen statt. Der ehemalige Truppenübungsplatz liegt auf nährstoffarmen Sanden. Die wichtigsten Lebensraumtypen sind Heide, Land-Reitgrasfluren, Pionierwälder, Sandrasen und Grasfluren. Heckrinder und Koniks erreichten 2013 eine Besatzstärke von 0,17 bis zu 0,23 GVE/ha. Die Besatzstärke 2017 betrug 0,13 GVE/ha. Vor Beginn der Beweidung waren die Flächen durch Verbuschung, Überalterung der Heide und Ausbreitung von Land-Reitgras beeinträchtigt. Von der ersten Kartierung im Jahr 2005 zur zweiten in 2009 reagierten Nachtschwalbe, Raubwürger, Heidelerche und Braunkehlchen in Folge fortgeschrittener Sukzession mit Bestandsrückgängen, die aber 2012 bereits nach vier Jahren Weidemanagement und größeren Entbuschungsmaßnahmen wieder kompensiert waren. Nachtschwalbe und Heidelerche erhöhten ihre Dichten von 2012 auf 2017 noch einmal deutlich.

Der Wendehals zeigte seit 2005 einen kontinuierlichen Bestandsanstieg, die Abundanz des Neuntöters blieb etwa gleich. Der Wiedehopf siedelte sich 2012 mit fünf Paaren neu an, 2017 waren es schon 15 Paare. Die Zahl der Schwarzkehlchenreviere vervierfachte sich von 2009 auf 2012 auf 82 Reviere; 2017 waren es bereits 108 Reviere.

Lediglich zwei Arten gingen seit Beginn der naturnahen Beweidung zurück: Sperbergrasmücke und Braunkehlchen. Die Gründe für die Rückgänge liegen jedoch nicht in der Beweidung, sondern beim Braunkehlchen in den trockenen Sommern und bei der Sperbergrasmücke in der Tatsache, dass die von der Art bevorzugten großflächigen Gebüsche aus Gründen der landwirtschaftlichen Förderung nicht zugelassen werden konnten.

Die **Cuxhavener Küstenheiden in Niedersachsen** umfassen seit dem Winter 2006/2007 drei Großkoppeln mit insgesamt 381 ha, die von Heck- und Taurusrindern sowie Koniks beweidet werden. 2013 betrug die mittlere Bestandsdichte 0,5 GVE/ha. Die Landschaft auf Sandboden besteht überwiegend aus Heideflächen sowie Gras- und Hochstaudenfluren mit kleinen Gehölzbeständen.

Nach Beginn der Ganzjahresweide nahmen die Brutbestände von Neuntöter und Heidelerche kontinuierlich zu. Der Gartenrotschwanz siedelte sich 2012 mit drei Paaren neu an, 2015 waren es sieben Paare. Die Dichte des Baumpiepers schwankte 2007 bis 2015 zwischen 11 und 20 Paaren pro 100 ha; das Schwarzkehlchen verzeichnete einen Bestandsanstieg bis 2009 und verharrte danach auf einem Plateau von etwa 3,5 Paaren pro 100 ha.

Vögel der Gewässer und Röhrichte

Brutplätze von Enten, Möwen, Seeschwalben, Rallen und Watvögeln in der Uferzone von Gewässern können sowohl durch eine zu hohe Huftierdichte, als auch durch fehlende Beweidung und damit ungehinderte Sukzession beeinträchtigt werden.

In den Oostvaardersplassem in den Niederlanden reagierte das Tüpfelsumpfhuhn zunächst positiv auf geringe Huftierdichten, verschwand aber, als die Weidetierzahlen weiter zunahmen. Foto: B. Stemmer. 25.8.2012.

Bodenbrüter wie der Rotschenkel profitieren von Beweidung, weil dadurch ihr Lebensraum erhalten wird, sind aber gleichzeitig durch Viertritt gefährdet.
Foto: M. Bunzel-Drüke. Nordfriesland, 5.7.2015.

Nach Aufgabe der Beweidung und anderer Nutzungen auf der Tipperne-Halbinsel in Dänemark verschwanden allmählich brütende Watvögel, Möwen und Seeschwalben, als sich die Vegetation innerhalb von dreißig Jahren von kurzrasigen Salzwiesen in Röhricht verwandelte.

Am Neusiedler See in Österreich drängte vor allem Pferdebeweidung – darunter auch ganzjährig mit Przewalskipferden – das Schilf zurück, sodass Limikolen-Habitate entstanden, wo zum Beispiel Seeregenpfeifer, Rotschenkel und Stelzenläufer brüten.

Huftiere – insbesondere Wasserbüffel – können einheitliche Röhrichte auflockern und strukturieren. Für Rohrweihen ist das nachteilig, wenn bei zu hoher Weidetierdichte ein Mangel an geeigneten Brutplätzen entsteht. Eine Untersuchung in Ungarn ergab, dass auch Blaukehlchen einheitliche Schilfbestände bevorzugen, während Drossel- und Schilfrohrsänger in der Nähe von Grenzlinien des Schilfes höhere Dichten erreichen. Wasserralle und Kleines Sumpfhuhn besiedeln gern Röhrichte mit kleinen Binnenwasserflächen, auch in der Form von Suhlen oder Pfaden von Huftieren. Solche Stellen ziehen auch rastende Watvögel an. Zur Förderung der Rohrdommel wird extensive Beweidung von Röhrichträndern zur Erzeugung von Mosaikstrukturen empfohlen.

In den Oostvaardersplassen mit ihren steigenden und im Kartierungsjahr 2012 hohen Huftierdichten wiesen unter den Brutvögeln der Gewässer Tafelente und Säbelschnäbler leichte Bestandszuwächse auf, während die Trends bei Brandgans, Schnatter-, Krick- und Knäkente, Tüpfelralle, Sandregenpfeifer, Schilfrohrsänger und Blaukehlchen negativ waren. Schnatterente, Tüpfelralle und Schilfrohrsänger zeigten allerdings wie auch die Wasserralle zunächst Bestandsanstiege; die Dichte der Weidetiere um das Jahr 2002 scheint für diese Arten günstig gewesen zu sein, bevor dann die weiter steigende Dichte negative Auswirkungen hatte. Eine Beweidung in nicht zu hoher Dichte begünstigt also einige Röhrichtvögel.

Der Raufußbussard und andere Mäusejäger sind besonders erfolgreich auf Weideflächen. Die niedrigere Vegetation erleichtert die Jagd, wenn auch die Mäusedichte infolge der Beweidung nicht ganz so hoch ist wie auf unbeweideten Flächen.
Foto: M. Bunzel-Drüke. Klieve, 6.3.2012.

Bodenbrüter

Naturnahe Beweidung kann die passende Vegetationsstruktur für Nistplätze schaffen, kann aber auch durch Tritt zu Gefährdungen führen. Verluste durch Viehtritt hängen von der Dichte der Weidetiere ab. Bei einer ganzjährigen Beweidung ist die Huftierdichte auch während der Brutzeit deutlich geringer, als wenn dieselbe „Fraßleistung" durch Saisonbeweidung erreicht werden soll.

Nicht nur die Bestandsdichte, sondern auch die Tierart spielt eine Rolle: So verursachen Schafe mehr Verluste als Rinder. Pferde wirken sich bei gleicher Individuenzahl negativer aus als Rinder. Bei 0,5 Rindern/ha wurden in drei Wochen etwa 10 % der künstlichen Nester in einer Untersuchung auf Salzwiesen zertreten, bei 0,5 Pferden/ha etwa 25 %; Pferde laufen mehr, unter anderem weil sie nicht wiederkäuen. Wehrhafte Vögel wie Kiebitz, Austernfischer, Säbelschnäbler und Triel verteidigen ihre Nester gegen Weidetiere, wenn auch nicht immer erfolgreich.

Mäusejäger

Große Herbivoren schaffen strukturreiche Flächen, auf denen Mäusefresser wie Milane, Weihen, Raufußbussard und Sumpfohreule, Schrei- und Schelladler, außerdem Weißstorch, Rohrdommel, Silberreiher und Raubwürger gut jagen können. Verschiedene Untersuchungen haben jedoch ergeben, dass die Abundanz von Mäusen und Spitzmäusen insbesondere auf scharf beweideten Flächen niedriger ist als auf vergleichbaren unbeweideten.

Die Mechanismen für die niedrige Kleinsäugerdichte können Tritt sowie die Verringerung der Deckung sein; bei Mäusen dürfte außerdem eine Rolle spielen, dass die Zahl ausreifender Grassamen niedrig liegt und damit eine wichtige Nahrung begrenzt ist. In niederländischen Untersuchungsgebieten erreichten Kornweihe, Raufußbussard und Sumpfohreule ihre höchsten Dichten bei Kleinsäugerbeständen unter dem Maximum, wenn aber aufgrund einer Verringerung der Vegetationshöhe durch die Beweidung eine bessere Erreichbarkeit der Beute gegeben war.

Große Pflanzenfresser können also eine für Mäusejäger günstige Vegetationsstruktur schaffen, in der die Beutedichte allerdings niedriger ist als in „optimalen" Kleinsäugerhabitaten.

„Wilde Weiden" als Lebensraum für Vögel

Viele Vogelarten können „Wilde Weiden" nutzen; sie sind durch ihre Mosaikstruktur oft artenreicher als andere Flächen. Naturnahe Weiden zählen für einige Vögel zu deren Vorzugshabitaten, stellen aber für andere Vögel nur einen unter mehreren möglichen Lebensräumen dar.

Die Besatzstärke der Huftiere steuert die Vegetationsstruktur. Weidetierdichten nahe der Tragekapazität von Flächen führen zu kurzrasiger Vegetation, wie sie manche Watvogelarten zur Brut oder Gänse zur Nahrungssuche bevorzugen, aber wenige andere Arten. Bei sehr geringen Weidetierdichten entwickelt sich langfristig ein lichter Wald; Dichten zwischen den beiden Extremen lassen halboffene Lebensräume entstehen, die alten Hudelandschaften entsprechen.

Zur Beantwortung der Frage, ob naturnahe Ganzjahresbeweidung eine Vogelart fördert, spielt also Huftierdichte eine wesentliche Rolle; aber zur Bewertung sind auch Vergleiche mit anderen Nutzungsformen erforderlich. Womit aber soll verglichen werden – mit konventioneller Grünland-, Acker- oder Waldnutzung, mit extensiver oder musealer Land- oder Forstwirtschaft, mit ungestörter Sukzession oder mit dem „Optimallebensraum" der betrachteten Vogelart, der vielleicht gar nicht in Mitteleuropa vorkommt? Bisher beschäftigen sich wenige Untersuchungen mit diesen Themen; auch Studien zu Veränderungen der Weidelandschaften und ihren Vogelgemeinschaften über die Zeit fehlen weitgehend, sind doch die meisten naturnahen Weidesysteme in Deutschland noch keine zwanzig Jahre alt.

Trotz des erheblichen Forschungsbedarfs ist festzustellen, dass „Wilde Weiden" ein Instrument sind, um bestimmte Sukzessionsstadien mittel- oder sogar langfristig zu erhalten, in einer Form, die der Naturlandschaft ähnlich sein dürfte. Der Verzicht auf Biozide und auf die prophylaktische Behandlung der Weidetiere erlaubt außerdem die Entwicklung einer reichen Flora und Wirbellosenfauna. In Kombination mit weiteren Pflegemaßnahmen können so Lebensräume verschiedener Vogelarten erhalten und verbessert werden.

Margret Bunzel-Drüke

Dr. Margret Bunzel-Drüke arbeitet als Biologin bei dem Naturschutzverein Arbeitsgemeinschaft Biologischer Umweltschutz im Kreis Soest e.V. – Träger der Biologischen Station Soest – und hat die Redaktion der Bände „Wilde Weiden" und „Naturnahe Beweidung und NATURA 2000" durchgeführt. Beide Schriften sind zu beziehen über www.abu-naturschutz.de.

Literatur zum Thema

Bunzel-Drüke, M, Böhm C, Finck P, Kämmer G, Luick R, Reisinger E, Riecken U, Riedl J, Scharf M, Zimball O 2008: Praxisleitfaden für Ganzjahresbeweidung in Naturschutz und Landschaftsentwicklung – „Wilde Weiden". Arbeitsgemeinschaft Biologischer Umweltschutz im Kreis Soest e.V., Bad Sassendorf-Lohne.

Bunzel-Drüke M, Reisinger E, Böhm C, Buse J, Dalbeck L, Ellwanger G, Finck P, Freese J, Grell H, Hauswirth L, Herrmann A, Idel A, Jedicke E, Joest R, Kämmer G, Kapfer A, Köhler M, Kolligs D, Krawczynski R, Lorenz A, Luick R, Mann S, Nickel H, Raths U, Riecken U, Röder N, Rößling H, Rupp M, Schoof N, Schulze-Hagen K, Sollmann R, Ssymank A, Thomsen K, Tillmann JE, Tischew S, Vierhaus H, Vogel C, Wagner H-G, Zimball O 2019: Naturnahe Beweidung und NATURA 2000 – Ganzjahresbeweidung im Management von Lebensraumtypen und Arten im europäischen Schutzgebietssystem NATURA 2000, 2. überarb. u. erw. Aufl. Arbeitsgemeinschaft Biologischer Umweltschutz, Bad Sassendorf.

DVL Deutscher Verband für Landschaftspflege & Stiftung Naturschutz Schleswig-Holstein 2011: Wilde Weiden zwischen Nord- und Ostsee – Ein Naturführer. Husum Druck- und Verlagsgesellschaft, Husum.

Felinks B, Tischew S, Lorenz A, Osterloh S, Wenk A, Poppe P, Noack J, B. Krummhaar B 2013: Praxisleitfaden. Einrichtung, Betrieb und wissenschaftliche Begleitung von halboffenen Weidelandschaften auf ehemaligen militärischen Übungsflächen – mit Beispielen aus der Oranienbaumer Heide. Hochschule Anhalt, Fachbereich Landwirtschaft, Ökotrophologie und Landschaftsentwicklung, Bernburg.

Riecken U, Bunzel-Drüke M, Dierking U, Finck P, Härdtle W, Kämmer G, Reisinger E, Sandkühler J 2004: Perspektiven großflächiger Beweidungssysteme für den Naturschutz: „Lüneburger Erklärung zu Weidelandschaften und Wildnisgebieten". In: Finck P, Härdtle W, Redecker B, Riecken U (Hrsg.): Weidelandschaften und Wildnisgebiete – Vom Experiment zur Praxis. Schriftenreihe für Landschaftspflege und Naturschutz 78: 527-539.

Ein vollständiges Literaturverzeichnis kann unter www.falke-journal.de/downloads heruntergeladen werden und ist in Bunzel-Drüke et al. (2019) enthalten.

„Wilde Weiden" können Lebensräume für viele Vogelarten schaffen und erhalten – vom Offenland bis zum Weidewald. Die Huftierdichte bestimmt, welche Habitate entstehen. Foto: M. Scharf. Lippeaue, 17.6.2019.

Wachtelkönige machen durch ihre weitreichenden Rufe auf sich aufmerksam; still sind sie sehr heimlich und fast unsichtbar. Foto: B. Vollmer. 6.4.2008.

RÄUMLICH FLEXIBEL UND ERFOLGREICH:

Schutz des Wachtelkönigs in Hessen

Das Land Hessen geht beim Schutz sehr seltener Vogel- und Tierarten einen besonderen Weg: Neben dem obligaten Erhalt der Lebensräume werden für ausgewählte Arten sogenannte Artenhilfskonzepte erstellt und daraus Schutzmaßnahmen abgeleitet. Da Papier allein bekanntlich geduldig ist, werden darüber hinaus spezielle Artberater eingesetzt. Diese begleiten und beraten Behörden, Verbände, Kommunen, Unternehmen und Privatpersonen bei der Umsetzung von Schutzmaßnahmen oder evaluieren deren Erfolg. Der Wachtelkönig ist ein Beispiel für eine Vogelart, deren Überleben in Hessen auf der Kippe steht und die besonders von der Tätigkeit der Artberater profitiert. Der Schutz des Wachtelkönigs ist dabei auch ein besonders gutes Beispiel für die wichtige Zusammenarbeit von haupt- und ehrenamtlichem Naturschutz.

Wachtelkönige brüten von Westeuropa bis zum Baikalsee, sie überwintern im tropischen und südlichen Ostafrika. Der langfristige Trend des Wachtelkönigs in Deutschland wie auch in Europa ist sehr deutlich negativ. Allein für die vier nördlichen Bundesländer Niedersachsen, Schleswig-Holstein, Mecklenburg-Vorpommern und Brandenburg ergab eine Schätzung anhand der vorhandenen Lebensräume für das 18. Jahrhundert einen Mindestbestand von 7500 Revieren. Im 20. Jahrhundert erloschen dann jedoch die meisten Vorkommen infolge von Lebensraumverlusten, vor allem durch die großflächige Trockenlegung der Auen und zunehmend intensive Bewirtschaftung des Grünlandes (umfangreiche Düngung, frühe Mahdzeitpunkte, Vielschnittwiesen). Das Bestandstief wurde zwischen den 1960er und 1980er Jahren erreicht. Danach stabilisierten sich die Bestände auf niedrigem Niveau, wobei starke jährliche Schwankungen infolge von wechselndem Bruterfolg, der Überlebensrate auf dem Zug und im Winterquartier sowie der Auswirkungen der aktuellen Witterung für die Art typisch sind. Ab der Jahrtausendwende war eine relativ günstige Situation gegeben, die sich auch in der Bestandsschätzung der ADEBAR-Kartierung mit bundesweit 2300 bis 4100 Rufern niederschlug. Seither ist jedoch wieder eine deutliche Abnahme erkennbar, der Bestand liegt nach der aktuellen Roten Liste (FALKE 2021, H.8) in Deutschland nur noch bei 1300 bis 2000 rufenden Männchen.

Verhalten und Lebensraum

Der Wachtelkönig zeichnet sich durch eine sehr ungewöhnliche Brutbiologie aus: Da günstige Lebensraumstrukturen räumlich und zeitlich infolge unterschiedlicher Grundwasserstände, Vegetationsentwicklung oder Bewirtschaftung variieren, suchen die zuerst aus dem Winterquartier zurückkommenden Männchen nach geeigneten Lebensräumen. Sind solche Bereiche gefunden, beginnen die Männchen in der Nacht ununterbrochen zu rufen. So werden andere durchziehende oder umherstreifende Männchen angelockt und lassen sich ebenfalls nieder. Die später ankommenden Weibchen suchen gezielt Gebiete, in denen mindestens zwei bis drei und gerne mehr Männchen rufen, weil meist nur diese Bereiche eine ausreichende Größe für erfolgreiche Bruten einschließlich Ersatz- und Zweitbruten aufweisen. Ist ein Männchen verpaart, ändert es sein Verhalten: Die langanhaltenden nächtlichen Rufreihen werden eingestellt, stattdessen lässt der Vogel, oft auch tagsüber, in Abständen sehr kurze „crex-crex“-Reihen hören. Diese sogenannten Tagrufe sind ein gutes Signal für eine erfolgte Verpaarung. Hat das Weibchen mit der Brut begonnen, verlagert das Männchen oft seinen Aufenthaltsort um einige Hundert Meter und beginnt erneut mit nächtlichen Rufreihen, um sich möglichst noch einmal mit einem zweiten Weibchen zu verpaaren. Die Weibchen führen in geeigneten Gebieten oft Zweit- und nach Brutverlust auch Ersatzbruten durch, sodass die Jungen oft erst im August und September flügge werden. Zu dieser Zeit findet auch die Vollmauser der Altvögel statt, während der die Schwungfedern wie bei den anderen Rallen synchron abgeworfen werden, sodass die Vögel etwa drei Wochen flugunfähig sind.

Als Brutlebensraum dienen Gebiete mit etwa knie- bis maximal hüfthoher, lückiger Grünlandvegetation, die durch relativ geringen Raumwiderstand am Boden gute Laufbedingungen für den Bodenvogel bei gleichzeitig gutem Schutz nach oben bietet. Bevorzugt werden feuchte bis staunasse, aber auch trockene Hochgras- und Hochstaudenbestände in Überflutungsbereichen von Flussniederungen, sowie in den höheren Lagen Berggrünland und Borstgrasrasen bis hin zu Wiesen oberhalb der Baumgrenze. Der Verbreitungsschwerpunkt der Art liegt in Mähwiesen mit geeigneter Habitatstruktur. Bei Gefahr fliehen Wachtelkönige zu Fuß oder drücken sich, sodass es bei der großflächigen Mahd der in Grünlandbereichen gelegenen Brutlebensräume regelmäßig zu erheblichen Verlusten kommt. Da die

In diesem Bereich der hessischen Hochrhön sind regelmäßig rufende Wachtelkönige zu hören.

Foto: S. Stübing. Wüstensachsen, 1.6.2021.

Vegetationsaufbau in einem mehrjährig von Wachtelkönigen besiedelten Gebiet in der Horloffaue.

Foto: S. Stübing. Steinheim, 1.6.2018.

Küken wie auch die Altvögel in Vollmauser nicht flugfähig sind, fallen die Vögel einer zu frühen Mahd oder einer Mahd von außen nach innen häufig zum Opfer. Erschwerend kommt für den Schutz der Art hinzu, dass es neben regelmäßig besetzten Vorkommensgebieten zahlreiche nur temporär, vor allem während der sogenannten Einflugjahre, oder im Abstand von mehreren Jahren unstet besiedelte Brutplätze gibt.

Vorkommen in Hessen

In Hessen war der Wachtelkönig nach der Zusammenfassung im Artenhilfskonzept im 19. Jahrhundert zwar noch häufig und verbreitet, aber der Bestand schon damals starken Schwankungen mit besonders zahlreichem Auftreten in nassen Jahren unterworfen. Noch in der zweiten Hälfte der 1960er Jahre war von einem Vorkommen von landesweit vermutlich einigen Hundert Rufern auszugehen. Ein Vergleich ist danach erst mit den Jahren 1994 sowie 1998 bis 2000 möglich, als der Wachtelkönig gezielt von der Hessischen Gesellschaft für Ornithologie und Naturschutz (HGON) erfasst wurde. 1994 wurden 17 Reviere in fünf Gebieten gezählt, in den Jahren 1998 bis 2000 waren es jährlich nur zwischen 10 und 14 länger anwesende Rufer. Im Rahmen der ADEBAR-Kartierung gelangen für den Zeitraum 2005 bis 2009 in 82 Messtischblatt-Vierteln Nachweise, sodass offenbar eine deutliche Zunahme stattgefunden hatte. In den nachfolgenden Jahren hielten sich die Vorkommen auf vermutlich ähnlichem Niveau, konnten doch für die Jahre 2012 und 2013 ohne gezielt landesweite Erfassung 42 bzw. knapp 30 Rufer ermittelt werden. Danach ging die Zahl der rufenden Tiere – der bundesweiten Abnahme entsprechend – von Jahr zu Jahr zurück und erreichte 2017 mit nur noch ein bis drei Individuen den niedrigsten bislang dokumentierten Bestand. Die Zahl mehr oder weniger alljährlich besiedelter Gebiete ging schon zuvor, ab der Jahrtausendwende rasch zurück. Nach dem Verlust des von 2002 bis 2014 fast alljährlich besiedelten Vorkommens in der nordhessischen Schwalmaue ist die Hochrhön aktuell das einzig verbliebene, regelmäßig und in teils größerer Zahl besiedelte Gebiet in Hessen. Zusammen mit den in Thüringen und vor allem in Bayern angrenzenden Vorkommen werden hier in für die Art günstigen Jahren teilweise mehr als 40 Rufer gezählt, sodass es sich um eines der größten Vorkommen in der Südwesthälfte von Deutschland handelt.

Nur selten lassen sich rufende Wachtelkönige so offen beobachten. Foto: E. Kloss. Wetterau, 16.6.2018.

Flexibler Schutz durch Ehrenamt, Berater und Behörden

Der Schutz einer derart seltenen und in Hessen in vielen Bereichen eher unstet auftretenden Vogelart wie dem Wachtelkönig, die ihren Hauptlebensraum ausgerechnet in flächig genutztem Mahdgrünland hat, ist schon grundsätzlich eine große Herausforderung. Hinzu kommt, dass durch die teilweise zwei Bruten und die Großgefiedermauser der Altvögel noch im August und September ein hoher Anteil der anwesenden Alt- und Jungvögel flugunfähig ist. Allgemeingültige, über Jahre fixierte Nutzungsauflagen für große Grünlandanteile wären aufgrund des eher unsteten Auftretens unverhältnismäßig und würden zudem oft zu einer Veränderung schützenswerter Grünlandtypen führen. Andererseits ist aufgrund der in Hessen und vielen anderen Bundesländern minimalen Bestandsgröße der Bruterfolg und der Schutz vor Mahdverlusten möglichst eines jeden Individuums wichtig.

Als Lösung für dieses Dilemma wird daher im Anschluss an das Artenhilfskonzept seit der Brutzeit 2018 vom Land

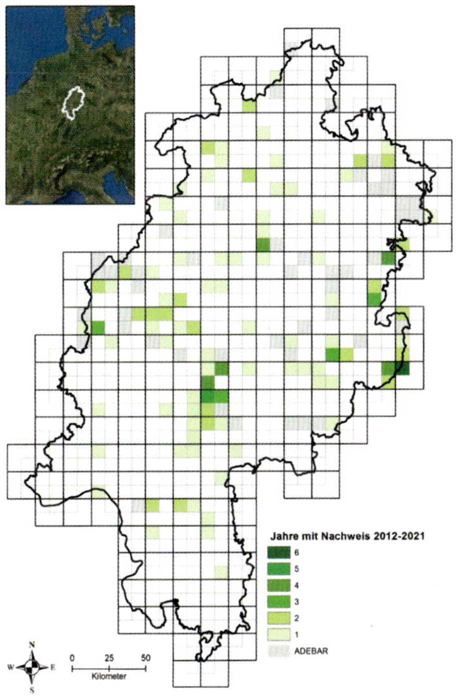

Verbreitung des Wachtelkönigs in Hessen nach den ADEBAR-Ergebnissen (grau) und den Beobachtungen der Jahre 2012 bis 2021 (grün) auf dem Raster der TK-Quadranten. Je dunkler der Grünton, desto regelmäßiger ist die Art im Raster nachgewiesen (hellgrün = 1 Jahr, dunkelgrün = 6 Jahre). Es gibt somit nur sehr wenige Bereiche, in denen Wachtelkönige (fast) alljährlich anzutreffen sind. Karte: T.E. Reiners.

Hessen bzw. der Staatlichen Vogelschutzwarte die Tätigkeit eines Wachtelkönig-Artberaters über Dienstleistungsverträge finanziert. Neben Beratungen zur Verbesserung der Lebensräume vor allem in EU-Vogelschutzgebieten kommt dabei dem gezielten Schutz der Rufplätze und wahrscheinlichen Brutstandorte vor Mahdverlusten große Bedeutung zu. Besonders wichtig ist die Unterscheidung zwischen nur kurz anwesenden und dann unverpaart weiterziehenden Rufern und Bereichen, in denen Bruten wahrscheinlich sind, da in Brutgebieten ein Aufschub der Mahd maximal bis in den September erforderlich sein kann. Dies erfolgt in einer idealen Zusammenarbeit zwischen Haupt- und Ehrenamt:

- Die große Zahl ehrenamtlicher Vogelbeobachterinnen und Vogelbeobachter (gut 2500 sind in www.ornitho.de registriert), die von der Hessischen Gesellschaft für Ornithologie und Naturschutz koordiniert werden, ermöglicht eine auf anderen Wegen nicht leistbare Suche nach der Art in den weit über das Land verstreuten, bekannten oder möglichen Wachtelkoniglebensräumen.
- Durch die Erfassung der Beobachtungen (und der Nullnachweise) über www.ornitho.de oder über direkte Meldung an die HGON-Geschäftsstelle, die Staatliche Vogelschutzwarte oder die in den Landkreisen zuständigen Behörden (Untere Naturschutzbehörden, Fachdienst Natur und Landschaft, Landwirtschaftsämter) erfahren der Artberater und die zuständigen Behörden zeitnah vom Auftreten rufender Wachtelkönige.
- Durch Rücksprache zwischen Artberater und Melderinnen sowie Meldern und Behörden werden weitere Details wie Lebensraum, Art der Bewirtschaftung, Rufverhalten, Ortswechsel etc. erfasst.
- Bleibt ein rufender Wachtelkönig länger in einem Gebiet, erfolgt eine Vorortbegehung durch den Artberater. Dies dient zur Einschätzung der Wahrscheinlichkeit von Bruten und der möglichen Grenzen des Brutlebensraumes.
- Sind Bruten im Gebiet aufgrund der längeren Anwesenheit mehrerer Rufer und/oder durch den Nachweis von Tagrufen wahrscheinlich, wird eine Karte des vermuteten Brutbereichs und der Verortung der Rufplätze an die jeweils zuständigen Behörden weitergeleitet.
- Die zuständige Behörde nimmt Kontakt mit den Bewirtschaftenden der erfassten Grünlandflächen auf und vereinbart über einen Vertrag eine Verschiebung des Mahdtermins. Diese Verschiebung erstreckt sich bei später Ankunft, mehreren Revieren und vermuteten Zweitbruten bis maximal Ende September. Die Ertragsverluste werden anhand der Art der Grünlandnutzung (Heumahd, Vielschnittwiese, Weide, Hutung) errechnet und den Landwirtinnen und Landwirten aus Natura 2000-Naturschutzmitteln vergütet. Daher ist die Resonanz der Bewirtschafter in aller Regel positiv und in den allermeisten Vorkommensgebieten der letzten Jahre blieben die vom Wachtelkönig genutzten Bereiche bis in den September ungemäht.

Von Artenhilfskonzepten und Artberatern

Im Jahr 2008 wurde die Staatliche Vogelschutzwarte für Hessen, Rheinland-Pfalz und Saarland in Frankfurt vom Hessischen Ministerium für Umwelt, Energie, Landwirtschaft und Verbraucherschutz (HMUELV) mit der Erstellung sogenannter „Artenhilfskonzepte" beauftragt. Diese Artenhilfskonzepte (AHK) sollen das vorhandene Wissen zu Beständen, Bestandsentwicklung, Gefährdungsfaktoren und grundsätzlichen Schutzmaßnahmen für besonders bedrohte Brutvogelarten bündeln und im zweiten Schritt Maßnahmen vorschlagen, um die Bestandssituation der Arten zu verbessern. Die AHK werden von Fachleuten mit besonders umfangreichen Erfahrungen mit den betreffenden Arten im Rahmen von Werkverträgen erstellt. Zu den ersten bearbeiteten Artenhilfskonzepten zählten neben Schwarzstorch und Rotmilan die Wiesenvögel Kiebitz, Bekassine, Uferschnepfe und Brachvogel sowie die Grauammer (FALKE 2011, H.8, S.319–322). Auf dieser Grundlage wurden für einige Arten sogenannte Gebietsstammblätter erstellt, die für ausgewählte Bereiche flächenscharf Maßnahmen für die jeweilige Art vorschlagen. Seit einigen Jahren fördert das Land Hessen die Umsetzung von Schutzmaßnahmen für diejenigen Vogelarten, für die ein AHK erstellt wurde, weiterhin durch den Einsatz von sogenannten „Artberatern". Als Artberater sind im Werkvertrag in der Regel die Ersteller der Artenhilfskonzepte tätig. Sie können von Behörden, Verbänden und Privatpersonen angefordert werden, um vor Ort Schutzmaßnahmen durch ihr umfassendes Wissen zu den Arten und Schutzinstrumenten zu beraten, durchgeführte Maßnahmen zu evaluieren oder wie im Beispiel von Wachtelkönig, Kiebitz, Braunkehlchen und Grauammer (siehe Beiträge in diesem Heft) Brutplätze vor Verlusten während der landwirtschaftlichen Nutzung zu schützen. Der gezielte, effektive Schutz einzelner Vogelarten, deren Populationen sich auf einem sehr kritischen Niveau befinden, setzt umfassendes Wissen, große Erfahrungswerte im Hinblick auf die Zielart und deren Lebensräume sowie wichtige Faktoren zum Schutz der Art voraus. Oft kommt es beim Schutz von Arten, deren Bestände regional zu erlöschen drohen, auf winzige, aber sehr wirkungsvolle Details an. So kann schon eine Baumreihe an einer ungünstigen Stelle den Erfolg einer sonst mustergültigen Wiesenvogelschutzmaßnahme infrage stellen oder bei der Grauammer die Verlegung einer Blühfläche um wenige Hundert Meter über Erfolg oder Misserfolg der Maßnahme entscheiden. Da ein solches über Jahre hinweg erworbenes Artspezialisten-Wissen in den planenden und umsetzenden Behörden oder Verbänden verständlicherweise nicht oder nur vereinzelt vorhanden ist, ist das Angebot der Artberater ein zentraler Baustein im effektiven Schutz stark gefährdeter oder vom Aussterben bedrohter Arten. Es ist in Hessen daher nicht auf den Schutz von Vogelarten beschränkt. So bietet das Hessische Landesamt für Naturschutz, Umwelt und Geologie (HLNUG) entsprechende Beratertätigkeiten auch für andere stark gefährdete Arten wie verschiedene Amphibien- oder Libellenarten an. Der Einsatz der Artberater beim Schutz nur noch punktuell und sehr selten vorkommender Tierarten kann schon jetzt, nach den erst aus wenigen Jahren vorliegenden Ergebnissen, als sehr zentrales, effizientes Element für einen erfolgreichen Artenschutz bewertet werden.

Erfolgreiche Zusammenarbeit von Haupt- und Ehrenamt

Auf diese Weise konnten in den Jahren ab 2018 landesweit einschließlich der Rhön 103 Rufplätze von vermutlich verpaarten Wachtelkönigmännchen vor Mahdverlusten geschützt werden (43 im Jahr 2018, 15 in 2019, 18 in 2020 und 27 im Jahr 2021). 37 Rufer in dieser Zeit wurden als umherstreifende, unverpaarte Rufer eingestuft, für die kein längerfristiger Mahdaufschub notwendig war, und lediglich in zehn Fällen war ein Schutz vermutlicher Brutbereiche nicht möglich. Die Vorkommen waren, mit Ausnahme der alljährlich besiedelten Rhönhochlagen, wie gewohnt mit jährlich wechselnden Schwerpunkten über Hessen verteilt: 2018 lag das Hauptvorkommen in Mittelhessen in den Kreisen Lahn-Dill und Wetterau, 2019 hingegen im schon seit Jahrzehnten nicht mehr besiedelten Bereich um den Meißner in Nordhessen und 2020 in Mittel- und Südhessen. Im Jahr 2021 beschränkte sich das Vorkommen ganz überwiegend auf die in diesem Jahr besonders stark besiedelte Rhön.

Zahlreiche Teilnehmer kamen zur Vorstellung des Artenhilfskonzepts Wachtelkönig am 17.5.2018.

Foto: S. Stübing.

Das System der Artberater und der dadurch gewährleistete, intensive Austausch zwischen Ehrenamt und Behörden ermöglicht eine enge und gleichzeitig räumlich flexible Zusammenarbeit aller Beteiligten. Dies ist die Grundlage dafür, dass seit 2018 fast alle der (vermutlichen) Brutstandorte des Wachtelkönigs in Hessen vor Mahdverlusten geschützt werden konnten. Angesichts der jährlich wechselnden Vorkommensorte und deren Lage auch außerhalb von Schutzgebieten ist der hohe Anteil geschützter Bereiche besonders eindrucksvoll. Dass die Maßnahmen auch erfolgreich sind, zeigen Nachkontrollen kurz vor oder während der Mahd, bei denen flugfähige Wachtelkönige, meist Jungvögel, nachgewiesen werden konnten. Über die Jahre hat sich durch die erfolgreiche Zusammenarbeit von Haupt- und Ehrenamt auch ein sehr effizientes Monitoring für die Art entwickelt, sodass der wirkungsvolle Schutz der Art mit der Ermittlung von belastbaren Fachdaten verknüpft ist. Das sehr positive Ergebnis unterstreicht die Effektivität des aufgebauten Systems zum Schutz der Art in Hessen und den engagierten Einsatz aller Beteiligten. Daher ein herzliches Dankschön allen Beteiligten, besonders den Landwirtinnen und Landwirten, die den Schutz des Wachtelkönigs auf ihren Flächen ermöglicht haben!

Stefan Stübing, Martin Hormann, Matthias Werner, Lars Wichmann, Tobias Erik Reiners, Pia Gippert, Dorothea Thielen, Jonas Thielen

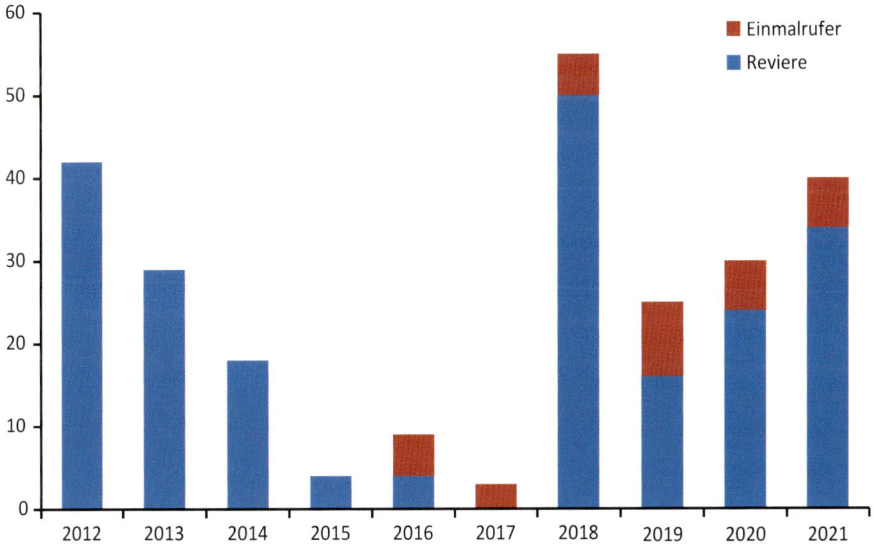

Anzahl der seit dem Jahr 2012 in Hessen festgestellten rufenden Wachtelkönige, ab 2016 unterteilt nach nur kurzfristig rufenden Tieren und Revieren mit Brutverdacht.

Literatur zum Thema

Gedeon K et al. 2014: Atlas Deutscher Brutvogelarten. Stiftung Vogelmonitoring Deutschland und Dachverband Deutscher Avifaunisten, Münster.

Gerlach B, Dröschmeister R, Langgemach T et al. 2019: Vögel in Deutschland – Übersichten zur Bestandssituation. DDA, BfN, LAG VSW, Münster.

Stübing S, Hormann M 2017: Artenhilfskonzept für den Wachtelkönig (*Crex crex*) in Hessen. Gutachten im Auftrag der Staatlichen Vogelschutzwarte für Hessen, Rheinland-Pfalz und das Saarland. www.vswffm.de/html/downloads/6-downloads.html

Wo sie noch vorkommen, prägen Grauammern mit ihrem charakteristischen, ganztägig vorgetragenen Gesang den Klang der Landschaft.
Foto: M. Schäf. Erpolzheim, 17.5.2020.

HAND IN HAND:

Erfolgreicher Grauammerschutz

Die Grauammer zählt in West- und Süddeutschland zu den am stärksten im Brutbestand abnehmenden Vogelarten. Ehemals weit verbreitet und ein Charaktervogel offener Wiesen- und Ackerflächen, überlebt die Art hier seit etwa zwanzig Jahren nur noch in wenigen kleinen Verbreitungsinseln. Ein Projekt der Hessischen Gesellschaft für Ornithologie und Naturschutz e.V. (HGON), der Staatlichen Vogelschutzwarte in Hessen und verschiedener Fachbehörden in der Wetterau erzielt durch eine enge, vertrauensvolle Zusammenarbeit mit Landwirten aktuell eine deutliche Zunahme der Art. Als Schlüssel zum Erfolg hat sich der Schutz der Nester vor Verlusten bei der Bewirtschaftung herausgestellt.

Grauammern besiedeln nach dem Handbuch der Vögel Mitteleuropas offene, möglichst ebene Landschaften mit lückiger und niedriger Bodenvegetation zur Nahrungssuche sowie dichter bewachsene Stellen, in denen die Bodennester versteckt werden können. Die Art kommt daher in trockenen Lebensräumen wie Dünen, Heiden, Steppen und Ackerbaugebieten vor, bevorzugt aber im größten Teil des Areals Grünlandbereiche. Die Grauammer ist zwar kein „klassischer“ Wiesenvogel, besiedelte aber oft und in hoher Dichte die Lebensräume der typischen Wiesenvogelarten. In Ostdeutschland ist die Grauammer gebietsweise hingegen überwiegend Ackervogel. Damit geht auch eine unterschiedliche Bestandsentwicklung einher. Im westlichen Deutschland bestimmen dramatische Abnahmen das Bild. So brach der Bestand in Schleswig-Holstein von 3000 bis 4000 Revieren Mitte der 1950er Jahre auf nur noch 10 bis 20 Reviere Anfang der 1990er Jahre ein und in Bayern zeigte die Art mit einer Abnahme der Rastereinheiten um 61 % zwischen den Atlaskartierungen 1979 bis 1983 und 1996 bis 1999 eine der auffälligsten Arealverkleinerungen unter den bayerischen Brutvogelarten. In Baden-Württemberg lagen nach 1945 Brutmeldungen von etwa 400 Messtischblatt-Quadranten vor. In den Jahren 2015/2016 wurde die Art nun noch auf 27 Quadranten sicher brütend mit insgesamt 97 bis 124 Revieren nachgewiesen, was einem Rückgang der Rasterfrequenz um mehr als 90 % entspricht. In Ostdeutschland hingegen ist die Grauammer noch weit verbreitet und stellenweise häufig. Dies ist auf eine starke Zunahme ab Anfang der 1990er Jahre bis 2007 infolge wendebedingter, großräumiger Stilllegungen landwirtschaftlicher Flächen zurückzuführen. Seither ist jedoch auch dort eine auffallende Abnahme zu verzeichnen. Europaweit gibt das „Pan-European Common Bird Monitoring Scheme“ eine Abnahme um 81 % zwischen den Jahren 1980 und 2016 an, sodass die Grauammer auch auf europäischer Ebene zu den besonders stark abnehmenden Arten zählt.

Drastische Abnahme auch in Hessen

In Hessen wurde die Art zur Brutzeit während der ersten landesweiten Erfassung um 1980 in etwa 220 Messtischblatt-Quadranten festgestellt. Grauammern besiedelten hier gleichermaßen Ackerlebensräume (vor allem südlich des Mains) wie auch Grünlandgebiete (zum Beispiel die Lahnaue bei Gießen), stellenweise sind auch beide Habitattypen eng benachbart und ineinander übergehend wie in der Wetterau. Schon bis Mitte der 1990er Jahre hatte sich die landesweite Verbreitung mit Meldungen auf nur noch gut 70 Quadranten um etwa zwei Drittel verringert. Im Rahmen der ADEBAR-Kartierung 2005 bis 2009 konnten Grauammern nur noch auf 48 Quadranten erfasst werden. Aus den Jahren 2018 bis 2020 liegen sogar nur noch aus 25 Quadranten Reviernachweise vor, die sich auf zwei Bereiche aufteilen. Das flächenmäßig größere der beiden Areale befindet sich in der hessischen Rheinebene als Fortsetzung des viel umfangreicheren Brutgebietes im Rheinhessischen Hügelland in Rheinland-Pfalz. Das zweite verbliebene Verbreitungsgebiet ist räumlich von anderen Vorkommen isoliert und befindet sich in der Wetterau, nördlich von Frankfurt am Main. Darüber hinaus besteht aktuell ein kleineres Vorkommen nördlich der Mainmündung und einzelne singende Männchen werden östlich von Darmstadt, in der Lahnaue bei Gießen und östlich von Marburg beobachtet. Das Verbreitungsgebiet der Grauammer hat in Hessen somit seit Ende der 1970er Jahre bis 2020 um etwa 90 % abgenommen.

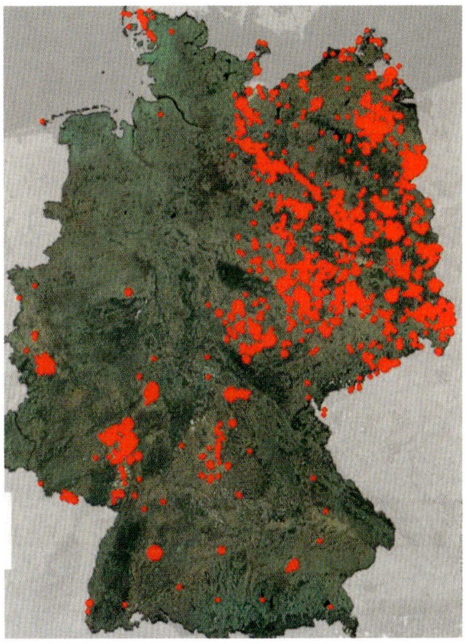

Im Osten verbreitet, im Westen nur noch wenige, isolierte Vorkommen: Meldungen vermutlich oder sicher brütender Grauammern in Deutschland in den Jahren 2019 bis 2021 auf www.ornitho.de.

Besondere Brutbiologie

Nach dem Handbuch der Vögel Mitteleuropas sind Grauammermännchen zur

Grünlandbrutplatz mit hoher Nestdichte, im Ausschnitt bis zum Einzelbaum im Hintergrund wurden im Juni 2021 mindestens fünf Bruten gefüttert. Foto: S. Stübing, Grund-Schwalheim, 10.7.2021.

Wiesenvogelschutz in der Wetterau

Der Wiesenvogelschutz in der Wetterau hat eine lange Tradition und reicht in die 1970er Jahre zurück. Um die landesweit bedeutenden Brutvorkommen von Bekassine, Großem Brachvogel, Uferschnepfe und Kiebitz zu erhalten, entwickelte die HGON das Konzept eines Landschaftsschutzgebietes Auenverbund Wetterau. Hiermit sollten Entwässerungen und Grünlandumbrüche gestoppt sowie die Kernzonen als Naturschutzgebiete gesichert werden. Der Auenverbund Wetterau wurde aufgrund der kontinuierlichen Forderungen und Vorarbeiten der HGON 1984 als Landschaftsschutzgebiet einstweilig sichergestellt und 1989 mit einer Fläche von 7400 ha endgültig ausgewiesen. Die Kernzonen wurden bereits seit Ende der 1970er Jahre, über einen Zeitraum von rund zwanzig Jahren, auf Antrag der HGON als Naturschutzgebiete gesichert. Im Jahr 1988 erhielt Erhard Thörner für die HGON den Europäischen Umweltpreis, der damit erstmalig in die Bundesrepublik Deutschland vergeben wurde, für die Konzeption und Umsetzung des „Auenverbundes Wetterau".

Durch eine allmähliche Intensivierung der Grünlandnutzung, die Zunahme von Prädatoren und verstärkte Freizeitnutzungen gingen die Bestände der Wiesenvögel jedoch trotz dieser Erfolge in der Lebensraumsicherung allmählich zurück. Deshalb startete die Arbeitsgemeinschaft „Wiesenvogelschutz in der Wetterau" 1992 als „Projektgruppe Brachvogelschutz" unter Federführung der HGON und versuchte mit dem Großen Brachvogel als Leitart spezielle Schutzmaßnahmen einzuleiten. In der Arbeitsgemeinschaft Wiesenvogelschutz in der Wetterau arbeiten die ehrenamtlichen Gebietsbetreuer der HGON, die Staatliche Vogelschutzwarte für Hessen, die Obere und Untere Naturschutzbehörde, der Landschaftspflegeverband, das Hessische Forstamt Nidda und der Fachdienst Landwirtschaft des Wetteraukreises seit nunmehr über zweieinhalb Jahrzehnten vertrauensvoll und zielorientiert zusammen. Kernaufgabe sind ein regelmäßiges Bestandsmonitoring, Planung von Schutzmaßnahmen und Entwicklung der Lebensräume sowie deren Umsetzung.

Im Jahr 2004 erfolgte eine Ausweisung des Projektgebietes als EU-Vogelschutzgebiet „5519-401 Wetterau" mit 10 682 ha Fläche und größere Teile gleichzeitig als FFH-Gebiet. Im Vogelschutzgebiet sind auch Braunkohletagebauseen und offene Ackerlandschaften eingebunden. Die Extensivierung der Grünlandnutzung erfolgte auf großer Fläche. Neben der Mahd auf frischen und feuchten Standorten wurden für sehr nasse Flächen Beweidungskonzepte mit Mutterkühen umgesetzt. Viele trockengelegte Feuchtgebiete konnten mit inzwischen 30 steuerbaren Stauanlagen reaktiviert werden, wobei die günstigsten Wasserstände zu den verschiedenen Jahreszeiten gebietsspezifisch durch Drohnenbefliegungen festgesetzt sind. Über 350 (!) kleine bis größere Stillgewässer wurden neu angelegt. Durch den Einsatz einer amtlichen Naturschutzwacht und umfangreiche Besucherinformationen sind Störungen in den Brutgebieten heute kein großes Problem mehr.

Die Umsetzung der Schutz- und Pflegemaßnahmen erfolgt durch das Forstamt Nidda unter anderem auf der Basis der jährlichen Bestandserfassungen der HGON im Rahmen der Arbeit der AG Wiesenvogelschutz. Die sehr enge und vertrauensvolle Zusammenarbeit aller Beteiligten sowie die alljährliche Bestandserfassung, die es ermöglicht, auf beginnende Verschlechterungen oder andere aktuelle Entwicklungen sehr zeitnah zu reagieren, sind der Schlüssel für die Erfolge im Schutz der Wiesenvögel und anderer Vogel- und Tierarten in der Wetterau.

Brutzeit streng territorial. Zwischen Männchen und Weibchen besteht keine dauerhafte Paarbindung, sodass die Anzahl der Weibchen, die in einem Männchenrevier brüten, zwischen einem und vier schwankt. Im Extrem wurden sogar maximal zwölf brütende Weibchen in einem Revier erfasst. In der Wetterau konnten bislang mehrfach zwei und maximal drei gleichzeitig in einem Revier nistende Weibchen beobachtet werden. Viele, vor allem jüngere Männchen bleiben allerdings unverpaart, sodass von der Anzahl erfasster Reviere nicht auf die Anzahl und die Lage von Bruten geschlossen werden kann. Die Männchen beteiligen sich nicht am Nestbau und nur selten an der Jungenaufzucht. Ihre Bedeutung ähnelt vermutlich eher der einer „Alarmanlage" – durch das Einstellen des sonst über den gesamten Tag vorgetragenen Gesangs und die stattdessen bei einer deutlichen Annäherung einer möglichen Gefahrenquelle einsetzenden Warnrufe wird das versteckt brütende Weibchen akustisch auffallend gewarnt. Zudem greifen die Männchen Feinde wie Kuckuck oder Neuntöter oft intensiv an und versuchen sie zu vertreiben. Erst nach dem Ausfliegen der Jungen beteiligen sie sich etwas intensiver an der Fütterung. Die Nestlingsnahrung besteht vor allem aus Wirbellosen. Es werden nicht, wie bei vielen Singvögeln üblich, Bündel vieler kleiner Beutetiere, sondern meist ein oder wenige und dafür auffallend große Beutetiere verfüttert. Dies findet eine Parallele bei dem weltweit bedrohten Seggenrohrsänger, bei dem, abweichend von anderen Rohrsängerarten, ebenfalls mehrere Weibchen im Revier eines Männchens brüten können und ihre Jungen mit auffallend großen Beutetieren versorgen. Da auch teilweise eine Ähnlichkeit der Lebensräume besteht (Seggenrohrsänger brüten in nassen bis überfluteten Wiesen), handelt es sich hierbei möglicherweise um eine konvergent entwickelte Anpassung. Besonders regelmäßig verfüttern Grauammerweibchen in der Wetterau größere Heuschrecken, oft zum Beispiel Larven und selten auch Imagines des Grünen Heupferdes. Vermutlich als Anpassung an die Bevorzugung großer, also schon weit entwickelter Wirbelloser sind die späte Brutzeit und die daher jährlich meist nur eine Brut zu sehen. Der mittlere Legebeginn liegt nach den Angaben im Handbuch im Juni. Ersatzgelege bei Brutverlust treten demnach nur bei 10 bis 40 % der Weibchen auf, Zweitbruten nach erfolgreichen Erstbruten in meist weniger als 10 %. Aufgrund der späten Brutzeit und des geringen Anteils von Ersatz- und Zweitbruten ist die Art bei Bruten in Grünlandgebieten besonders anfällig gegenüber Verlusten während der Wiesenmahd.

Bestandsentwicklung, Lebensräume und Schutzmaßnahmen

Die Bestandserfassungen in der Wetterau reichen bis in die 1980er Jahre zurück. Sie zeigen bei seinerzeit noch unvollständiger

Datenlage für die Grauammer eine Größenordnung von mehr als 80 Revieren. Seit Beginn einer koordinierten Erfassung ab dem Jahr 2001 schwankte das Vorkommen der Art etwa zwischen gut 20 und 40 Revieren. 2006/2007 war ein Minimum von nur 16 bzw. 17 Revieren erreicht und auch 2016 wurden nur 20 Reviere verzeichnet. Bis zum Jahr 2011 überwog die Anzahl der im Ackerland festgestellten Reviere die der Grünlandvorkommen, seither dominieren deutlich die Grünlandbrutgebiete.

Diese Entwicklung ist auf die zunehmende Eignung einiger Grünlandbereiche als Brutplatz infolge der Extensivierung seit den 1990er Jahren zurückzuführen. Die als Mahdflächen ohne Düngung und teilweise als Rinderweide bewirtschafteten Wiesen zeigten in diesem Zeitraum eine zunehmend magere und blütenreiche Ausprägung, die von Grauammern im Unterschied zu Fettwiesen gerne als Brutplatz genutzt werden. In diesen mageren Wiesen brüten neben den Grauammern zahlreiche Feldlerchen in hohen Dichten und auch die zweitweise komplett auf Ackerstandorte beschränkte Wiesenschafstelze brütet seit etwa 2010 wieder in zunehmend großer Zahl im Grünland. Sowohl die mikroklimatischen Bedingungen wie auch Dichte und Zugänglichkeit größerer Insekten, vor allem Heuschrecken, und damit die Nahrungssituation während der Jungenaufzucht sind im mageren Grünland sehr viel günstiger als in Ackerflächen oder nährstoffreichem, fettem Intensivgrünland. Manche Bereiche der so zunehmend bedeutenden Brutgebiete im extensiv genutzten Grünland werden aus vegetationsökologischen Gründen sehr spät gemäht (wie etwa die Salzwiese im NSG Mittlere Horloffaue, wo der Grauammerbestand schon seit 2016 zunimmt) oder befinden sich in Gebieten, die mit einer extensiven Rinderbeweidung aus Naturschutzgesichtspunkten gepflegt werden. In diesen nicht oder erst spät gemähten Brutgebieten ohne zusätzliche Maßnahmen stabilisierte sich das Vorkommen in den letzten Jahren oder nahm sogar etwas zu.

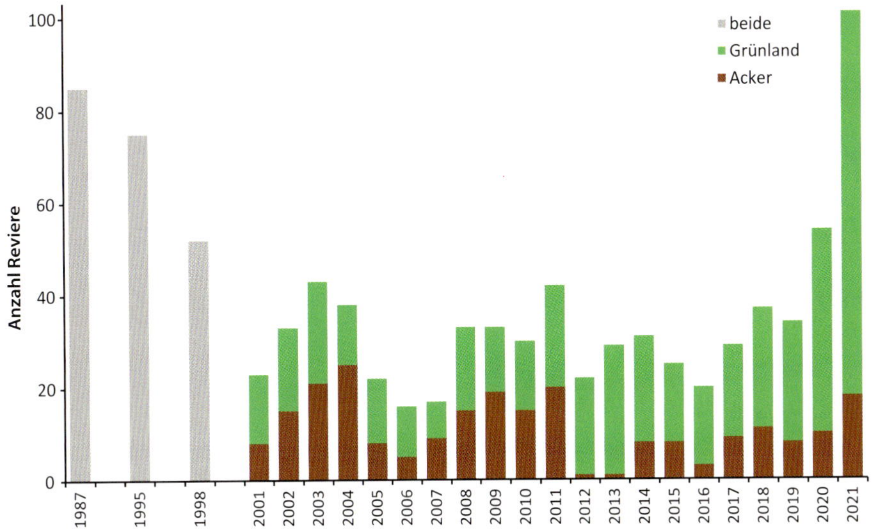

Bestandsentwicklung der Grauammer in der Wetterau 1987 bis 2021 anhand der Anzahl revierhaltender Männchen, ab 2001 unterteilt nach den Lebensräumen Acker und Grünland.

Der meist aus vegetationskundlichen Gesichtspunkten gewählte Mahdzeitpunkt der meisten Wiesen in den Schutzgebieten Mitte Juni ist jedoch für einen erfolgreichen Brutverlauf der Grauammer nicht geeignet. Dies war zwar bereits bekannt, doch den ehrenamtlichen Gebietsbetreuern, die mit der Erfassung der Vogelbestände und der Nesterlokalisierung der Wiesenlimikolen bereits zeitlich stark gebunden waren, blieb Mitte Juni kaum die Zeit, sich hochintensiv mit der Nestersuche bei Grauammern zu beschäftigen. Hinzu kommt das heimliche Verhalten der Weibchen am Brutplatz in dieser Zeit, das eine Lokalisierung des Nistplatzes zu einem zeitaufwendigem Unterfangen werden lässt. Bis zum Jahr 2019 gab es daher keine speziellen Schutzmaßnahmen für die Grauammer in der Wetterau.

Bestandsverdoppelung durch Nestschutz

Dies änderte sich mit dem Jahr 2020, als die HGON die Masterarbeit von Maren Kettwig zum Bruterfolg der Grauammer in der Wetterau initiierte und betreute. Von dieser Arbeit nicht abgedeckte weitere, sehr

Im Herbst ziehen die Grauammern in der hessischen Wetterau aus den Brutgebieten ab, Winterbeobachtungen sind hier sehr selten.
Foto: R. Martin. 12.2.2018.

Dieser Brutplatz wird bei der Mahd gezielt ausgespart, die Altvögel sitzen auf der Stromleitung im Hintergrund.
Foto: S. Stübing, Uner-Widdersheim, 16.6.2021.

wichtige Anteile der Population wurden von der Artberatung der Staatlichen Vogelschutzwarte bearbeitet, sodass Schutzmaßnahmen für eine hohe Anzahl gefundener Neststandorte möglich waren. In 2020 konnten insgesamt 31 Neststandorte in 54 Revieren erfasst werden. Die im Vergleich zu den Vorjahren deutlich höhere Revierzahl führen die Vogelkundler vor allem auf die in diesem Jahr besonders umfangreiche Erfassung zurück. Zusätzlich wirkte sich möglicherweise auch die günstige Witterung zur Brutzeit 2018/2019 positiv aus. Jeweils fünf Brutplätze befanden sich in nicht oder nachbrutzeitlich beweideten Bereichen in Naturschutzgebieten bzw. in Ackerflächen mit Erntezeitpunkt nach dem Ausfliegen der Jungvögel. Sie waren somit durch Ernte- oder Pflegearbeiten nicht gefährdet. Von den verbleibenden 21 Nestern befanden sich 19 in Grünland und 2 in Blühflächen im Ackerland. Die große Mehrzahl dieser Brutstandorte lag zwar in Naturschutzgebieten, doch wären die Bruten hier in Wiesen mit Mahdzeitpunkt am 15. Juni und in drei Fällen durch Beweidung im Rahmen der regulären Bewirtschaftung bzw. Pflege jedoch mit großer Wahrscheinlichkeit zerstört worden. Diese 21 Brutstandorte wurden dem Fachdienst Landwirtschaft des Wetteraukreises weitergeleitet, der in allen Fällen in Abstimmung mit den Landwirten eine Verschiebung des Bewirtschaftungszeitpunktes der betroffenen Parzellen nach dem 15. Juli erreichen konnte, also nach dem Ausfliegen der Jungen. Die durch die verzögerte Mahd eintretenden Ertragsverluste wurden den Landwirtinnen und Landwirten aus Naturschutzmitteln des Landes Hessen ersetzt. Allein an 14 Neststandorten konnten später auch flügge Jungvögel beobachtet werden. Daher ist davon auszugehen, dass durch den gezielten Nestschutz die Jungen der meisten der sonst verlorenen Bruten flügge werden konnten. Von den 31 erfassten Brutplätzen hätten ohne die Nestschutzmaßnahmen nur 10 ungestört Jungvögel hervorbringen können. Da Grauammern bei Brutverlust nur relativ selten Ersatzbruten durchführen, hat das Überleben dieser Bruten den Reproduktionserfolg der gesamten Wetterau-Population von gut 30 brütenden Weibchen im Jahr 2020 zumindest verdoppelt, möglicherweise sogar verdreifacht. Der hohe Anteil erfolgreicher Bruten in den vor Mahdverlusten geschützten Bereichen lässt vermuten, dass Prädation durch Säuger (im Gegensatz zum Kiebitz, aber ähnlich wie beim Braunkehlchen in Hessen, siehe Beitrag S. 38) für die Grauammer aufgrund der im weitläufigen Wiesengelände gut versteckten und in der höheren Vegetation auch relativ schwer erreichbaren Nester keine größere Rolle spielt.

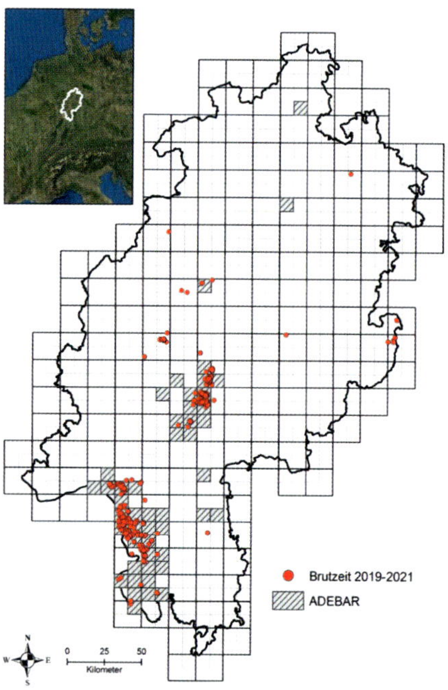

Brutverbreitung der Grauammer in Hessen während der ADEBAR-Kartierung 2005–2009 (grau unterlegte Quadranten der Topografischen Karten) und in den Jahren 2019 bis 2021 (rote Punkte, mit der hier dargestellten Wetteraupopulation im Zentrum).
Karte: T. E. Reiners.

Grauammern beginnen im Alter von einem Jahr mit Revierverteidigung und Brutgeschäft, sodass ein Erfolg der Maßnahmen schon im Jahr 2021 sichtbar werden sollte. Tatsächlich konnten die Gebietsbetreuer der HGON sowie die Artberater der Vogelschutzwarte 2021 mit etwa 100 Revieren eine Verdopplung der Anzahl revierhaltender Männchen feststellen. Der gezielte Schutz der Nester vor Mahdverlusten ist somit zwar aufwendig, aber als großer Erfolg einzustufen. Die im Jahr 2021 erfasste Anzahl der Reviere stellt sogar den mit Abstand höchsten Bestand der Grauammer in der Wetterau in den letzten 35 Jahren dar. Durch den umfangreichen Einsatz der Artberatung der Staatlichen Vogelschutzwarte konnten 2021 insgesamt 55 Bruten bzw. Verpaarungen nachgewiesen werden, sodass sich auch die Anzahl der anwesenden Weibchen im Vergleich zum Vorjahr annähernd verdoppelt hat. 35 Bruten fanden in Mahdgrünland statt und wurden mit einer Mahdverschiebung nach dem 15. Juli vor Verlust durch die Bewirtschaftung geschützt. Acht Bruten wurden in Grünlandbereichen in Naturschutzgebieten ohne Bewirtschaftung und fünf in Ackerstandorten mit ohnehin später erfolgender Ernte erfasst. Insgesamt stehen damit die Chancen für flügge Jungvögel bei 48 Bruten gut. Nur in sieben gefährdeten Revieren (sechs im Grünland, eines im Ackerland) konnten die Bruten nicht lokalisiert werden, sodass es hier vermutlich zu

Verlusten gekommen ist. Insgesamt konnte somit auch 2021 durch die Zusammenarbeit von Artberatung der Vogelschutzwarte, den Gebietsbetreuern der AG Wiesenvogelschutz und der großen Kooperationsbereitschaft der Landwirtschaft der Bruterfolg der Grauammer in der Wetterau mehr als verdoppelt werden.

Die Zunahme von 2020 auf 2021 erfolgte vor allem in den Bereichen des Untersuchungsgebietes, in denen 2020 der gezielte Nestschutz umgesetzt wurde. In anderen Bereichen der Wetterau ist, wie auch in den Vorkommen in der hessischen Rheinebene, in den letzten Jahren keine auffallend positive Bestandsentwicklung zu erkennen. Es ist daher davon auszugehen, dass die aktuell starke Zunahme in Teilbereichen der Wetterau auf folgende Faktoren zurückgeht:

- Die langjährige Extensivierung einiger Grünlandareale, die dazu führte, dass ab etwa 2012 die überwiegende Zahl der Bruten wieder im Grünland erfolgte.
- Die Bruterfolge in den wenigen, kleinflächigen Gebietsteilen, die aus vegetationskundlicher Sicht erst nach Abschluss der Brutzeit gemäht bzw. beweidet werden, was lokal eine leichte Zunahme zur Folge hatte.
- Die Verdoppelung bis Verdreifachung des Bruterfolges durch den umfangreichen Nestschutz im Jahr 2020, der zu einer Verdoppelung der Revierzahl im Jahr 2021 führte.

Der für die Art ebenfalls günstigen trockenheißen Witterung in den Jahren 2018 bis 2020 kommt, wie die gleichbleibenden Bestände in nicht durch die Schutzmaßnahmen geförderten Bereichen zeigen, höchstens eine flankierende Bedeutung zu.

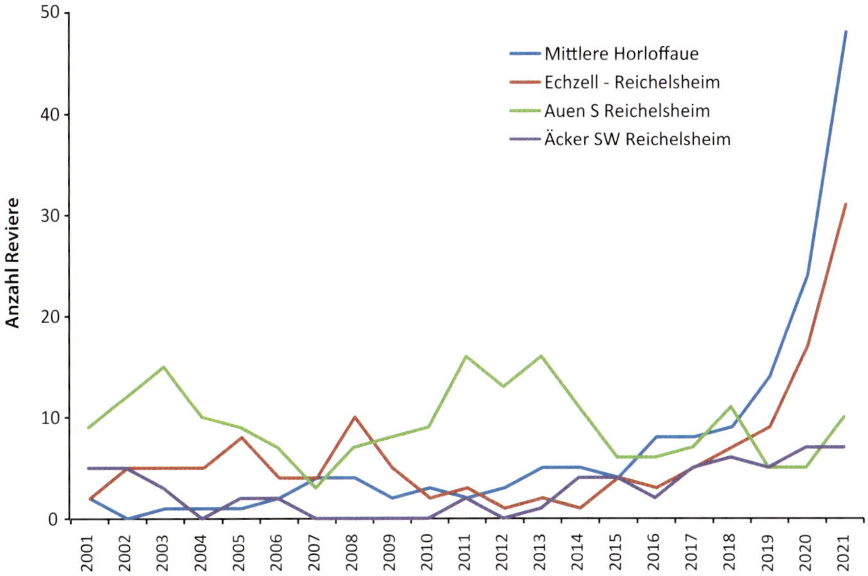

Entwicklung der Revierzahlen in vier Teilbereichen der Wetterau mit starker Zunahme allein in den beiden Gebieten Mittlere Horloffaue und Echzell-Reichelsheim mit umfangreichem Nestschutz.

Wiederbesiedlungen jahrzehntelang verwaister Gebiete

Neben der starken Bestandszunahme von 2020 auf 2021 etablierten sich 2021 Grauammer-Ansiedlungen in den Niederwiesen von Ilbenstadt in der südlichen Wetterau und im Lahntal bei Gießen, etwa 9 bzw. 25 km von den nächstgelegenen traditionellen Brutgebieten entfernt. In beiden Bereichen fanden die zuvor letzten Bruten vor mehr als zwanzig Jahren statt. Es wurden jeweils drei revierhaltende Männchen und drei bzw. ein Weibchen erfasst. Da die nächsten weiteren Brutvorkommen südlich des Mains mehr als 40 und 65 km von den nun wieder besiedelten Gebieten entfernt liegen, ist anzunehmen, dass diese Wiederbesiedlungen ebenfalls auf die im Jahr 2020 hohen Bruterfolge in der Wetterau zurückgehen.

Dass der Grauammerbestand im räumlich von anderen Vorkommen großflächig isolierten Brutgebiet in der Wetterau von 20 Revieren im Jahr 2016 auf gut 100 Reviere im Sommer 2021 und damit auf den höchsten Stand seit mindestens 35 Jahren ansteigen konnte, ist neben der langjährigen Grünlandextensivierung auf den Schutz der Neststandorte durch eine Verschiebung der Mahd nach dem 15. Juli zurückzuführen. Der Schutz der Nester als Maßnahme ist aufgrund der guten Kooperation der Landwirtschaft infolge der durch das Land Hessen aus Naturschutzmitteln ersetzten Ertragsverluste grundsätzlich einfach umzusetzen. Eine Lokalisierung der zahlreichen Brutstandorte durch ehrenamtliche Naturschützer ist bei größeren Vorkommen jedoch nicht mehr zu gewährleisten. Eine Unterstützung durch professionelle Ornithologen im Rahmen der Beraterverträge der Vogelschutzwarte Hessen hat sich in der Praxis daher sehr gut bewährt.

Stefan Stübing, Maren Kettwig, Ralf Eichelmann, Walter Schmidt, Ute Heinzerling, Lars Wichmann, Thomas Sacher, Udo Seum, Sven-Erik Wagner
unter Mitarbeit von Gerd Bauschmann, Martin Hormann, Matthias Werner, Ronja Brockhage

Literatur zum Thema

Anthes N, Boschert M, Daniels-Trautner J 2017: Verbreitung und Bestandsentwicklung der Grauammer *Emberiza calandra* in Baden-Württemberg. Ornithol. Jh. Bad.-Württ. 33: 27-44.

Berndt R K, Koop B, Struwe-Juhl B 2002: Vogelwelt Schleswig Holsteins, Band 5, Brutvogelatlas. Neumünster.

Bezzel E, Geiersberger I, v Lossow G, Pfeifer R 2005: Brutvögel in Bayern. Verbreitung 1996–1999. Stuttgart.

Gedeon K et al. 2014: Atlas Deutscher Brutvogelarten. Stiftung Vogelmonitoring Deutschland und Dachverband Deutscher Avifaunisten, Münster.

Gerlach B, Dröschmeister R, Langgemach T et al. 2019: Vögel in Deutschland – Übersichten zur Bestandssituation. DDA, BfN, LAG VSW, Münster.

https://pecbms.info – Internetseite des Pan-European Common Bird Monitoring Scheme

Dank: Dieser Beitrag unterstreicht die Bedeutung gezielter Anstrengungen, neben dem obligatorischen Lebensraumschutz die je nach Vorkommen möglicherweise variierenden, primären Verlustursachen und Beeinträchtigungen zu erkennen und so effektive Schutzmaßnahmen umsetzen zu können. Auch in den anderen hessischen Brutgebieten können die Ergebnisse nun genutzt werden, um wirkungsvollen Grauammerschutz zu betreiben. Ein herzliches Dankeschön allen Beteiligten aus Staatlicher Vogelschutzwarte, Fachdienst Landwirtschaft, Forstamt Nidda, HGON und vor allem den Landwirten, die dem Schutz der Nester in den von ihnen bewirtschafteten Wiesen bereitwillig zustimmten!

Singendes Braunkehlchen-Männchen.
Foto: H. Weller. Hohenaar, 19.6.2018.

LICHT AM ENDE DES TUNNELS:

Braunkehlchen in Hessen

„Es ist im ganzen Lande verbreitet und bekannt und belebt vornehmlich die saftigen Kulturwiesen", berichten Gebhard & Sunkel 1954 in der ersten hessischen Avifauna über das Braunkehlchen. Noch um das Jahr 1980 wurde der auffällige Vogel bei unvollständiger Erfassung in 272 Messtischblatt-Quadranten als Brutvogel nachgewiesen. Seither befindet sich das Braunkehlchen in Hessen, wie auch in vielen anderen Regionen Deutschlands, im freien Fall: 1994 gab es nur noch Brutmeldungen aus 49 und in den Jahren 2017 bis 2021 aus 34 Quadranten. Landesweit ist nur noch eine größere, auch bundesweit bedeutende, aber ebenfalls stark rückläufige Population verblieben, um deren Erhalt sich die Hessische Gesellschaft für Ornithologie und Naturschutz (HGON) zusammen mit vielen Partnern kümmert.

Das Braunkehlchen ist europaweit gesehen noch nicht als gefährdet eingestuft, was auf die großen, stabilen Populationen im Osten Europas zurückzuführen ist. In der neuesten Roten Liste der Brutvögel Deutschlands (FALKE 2021, H. 12) wird die Art jedoch als „stark gefährdet" (Kategorie 2) eingestuft und die Bestände nehmen in Deutschland immer weiter ab. Das Braunkehlchen ist eines der vielen Opfer unserer intensiver gewordenen Landwirtschaft. Die Ursachen sind bekannt und die neusten Untersuchungen gehen davon aus, dass vor allem ein unzureichender Reproduktionserfolg Hauptgrund für die sinkenden Braunkehlchenzahlen ist und weniger die Situation in den Überwinterungsgebieten.

Die Bundesländer Hessen, Rheinland-Pfalz und Nordrhein-Westfalen stellen mit der Westerwaldpopulation das aktuell größte Vorkommen des Braunkehlchens in den westlichen Bundesländern. Mit etwa 80 % des Landesbestandes und den größten zusammenhängenden Vorkommen von Braunkehlchen hat vor allem der hessische Lahn-Dill-Kreis (LDK) eine hohe Verantwortung für den Erhalt der Braunkehlchen nicht nur im Westerwald, sondern sogar in Westdeutschland. Dort befinden sich drei der fünf bedeutendsten hessischen Vogelschutzgebiete für diese Art: „5314-450 Hoher Westerwald", „5316-401 Wiesentäler um Hohenahr und die Aartalsperre" und „5115-401 Hauberge bei Haiger". Während der Grunddatenerhebungen (GDE) zwischen 2006 und 2008 wurden für die genannten Vogelschutzgebiete etwa 300 Reviere ermittelt. Trotz einer überwiegend extensiven Nutzung des Grünlandes konnten bei einer erneuten Erfassung 2015/2016 in zwei der drei Gebiete nur noch knapp die Hälfte der zuvor festgestellten Reviere nachgewiesen werden. In den anderen Landesteilen von Hessen gibt es nennenswerte Bestände nur noch in den Kreisen Marburg-Biedenkopf und Vogelsberg sowie in den Randlagen von Waldeck-Frankenberg. Damit ist ohne umfangreiche Schutzmaßnahmen das Aussterben der ehemals flächig verbreiteten Art vorprogrammiert.

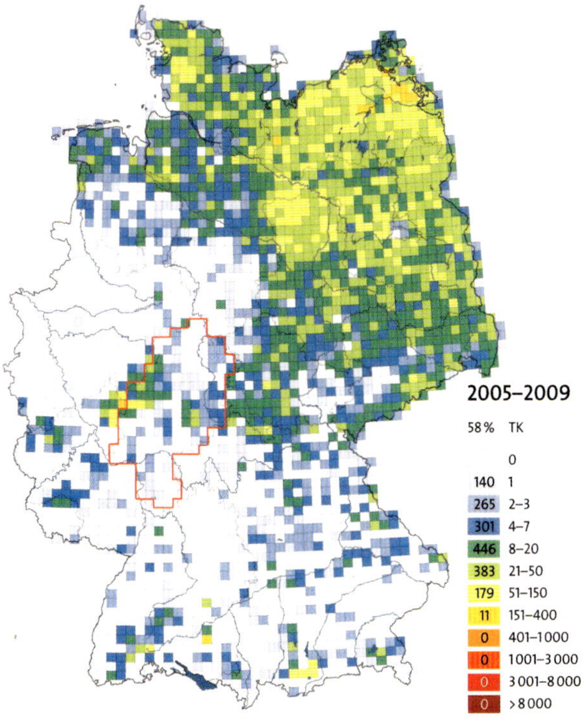

Brutverbreitung des Braunkehlchens nach ADEBAR (2014) mit den Grenzen von Hessen. Karte: ADEBAR.

Schutzkonzept und viele Projektpartner

Aufgrund der massiven Bestandsabnahme selbst im Lahn-Dill-Kreis als letztem verbliebenen Schwerpunktvorkommen und fehlender Maßnahmenplanung von Seiten der Verwaltung hat im März 2016 die Hessische Gesellschaft für Ornithologie und Naturschutz e.V. (HGON) ein Projekt zur Rettung des letzten hessischen Braunkehlchen-Schwerpunktvorkommens gestartet. Dies war dringend nötig, da die hessische Landesregierung bis 2020 noch keine Maßnahmenpläne für die drei genannten VSGs erstellt hatte – und das sechzehn Jahre nach deren Meldung an die EU im Jahr 2004.

Da das Braunkehlchen eine DER Leitarten für die Feuchtwiesenkomplexe in den Gebieten ist, hat die HGON mit einem Klageverfahren gedroht, falls nicht unverzüglich etwas für deren Schutz getan wird. Gleichzeitig hat der Verband ein Schutzkonzept präsentiert, das auf den früher bekannten Vorkommen und den aktuellen Nachweisen sowie den Grundlagen des allgemeinen „Artenhilfskonzeptes Braunkehlchen" der Staatlichen Vogelschutzwarte basierte. Hauptbestandteile waren die Schaffung von dauerhaften Säumen, Spätmahdflächen und zahlreichen neuen Sitzwarten zur Verbesserung der Brutplatzsituation. Und das Land Hessen hat reagiert!

Seit 2016 gibt es im Lahn-Dill-Kreis intensive Schutzbemühungen, an denen sich mittlerweile viele Akteure beteiligen.

Morgenstimmung im Vogelschutzgebiet „Wiesentäler um Hohenaar und die Artalsperre" Kernfläche der Braunkehlchenverbreitung. Foto: H. Weller. Hohenaar, 14.6.2018.

In Zusammenarbeit mit der Abteilung für den ländlichen Raum des Lahn-Dill-Kreises (AlR), der Oberen Naturschutzbehörde Gießen, der Staatlichen Vogelschutzwarte Frankfurt a. M. (VSW), der neu gegründeten Landschaftspflegevereinigung Lahn-Dill e.V. (LPV) sowie weiteren Kreisbehörden und den Landwirtinnen und Landwirten vor Ort wurden biotopverbessernde Maßnahmen zum Schutz der Braunkehlchen durchgeführt. Starthilfe und weitergehende Unterstützung erfährt das Projekt vor allem durch das Hessische Umweltministerium, dem wir an dieser Stelle besonders herzlich danken möchten. Die Bemühungen der letzten fünf Jahre zeigen hierbei erste Erfolge, denn der rapide Bestandsrückgang konnte gestoppt werden, in einigen Gebieten steigt der Bestand sogar wieder.

Entscheidend für den Schutz der Art sind direkte Untersuchungen vor Ort. Jedes Jahr sind nun ehrenamtliche Vogelkundler der HGON, die Artberater der Staatlichen Vogelschutzwarte und eine Mitarbeiterin der LPV (die treibende und koordinierende Kraft, Franziska Schmidt) in der gesamten Brutsaison in den Brutgebieten unterwegs und erfassen alle Revier- und Brutpaare. Da es in der Vergangenheit außerhalb der Maßnahmenflächen teils hohe Brutverluste durch die Mahd gab, wurde die Kommunikation zwischen allen Beteiligten in 2020 nochmals deutlich erhöht. So wurden die ersten Erfassungsdaten der LPV, VSW und HGON bereits Anfang Juni an die Landwirtschaftsverwaltung weitergeleitet, sodass diese bei Bedarf die Landwirtinnen und Landwirte informieren konnten. Gefährdete Nester konnten im Gelände rechtzeitig markiert und die Nestbereiche bei der Mahd ausgespart werden.

Umfangreiche Maßnahmen

Durch die jährlich erhobenen Brutdaten ist es im Lahn-Dill-Kreis nun möglich, Schutzmaßnahmen sehr gezielt zu etablieren. Zu den Maßnahmen gehören die Anlage von überjährigen Altgrasstreifen (möglichst 5 bis 10 m breit) und Spätmahdflächen mit Schnittzeitpunkt nach dem 1. oder 15. Juli. Beides kann in Hessen über das Hessische Programm für Agrarumwelt- und Landschaftspflege-Maßnahmen (HALM) gefördert werden. Auf Grundlage der 2019 erhobenen Daten hat die AlR weitere Landwirtinnen und Landwirte angesprochen und weitere Maßnahmenflächen zum Schutz der Braunkehlchen akquirieren können, sodass die Jahre 2020 und 2021 gleich mit einem deutlichen Zuwachs an Maßnahmenflächen begonnen hatten.

Im gesamten Projektgebiet sind (bis Stand 2020) auf etwa 41 km Länge Altgrasstreifen in unterschiedlichen Stadien (neue, ein- und mehrjährige) angelegt, auf denen im Frühjahr 2020 etwa 1400 künstliche Sitzwarten aus Bambus und Schilfrohr ausgebracht wurden. Sowohl linear entlang von Gräben und Bächen, als auch in Form von Clustern. Das Ausbringen der künstlichen Sitzwarten erfolgt seit 2018 durch die HGON im Auftrag der AlR und dient vor allem der Aufwertung neuer Maßnahmenflächen, die aktuell noch nicht über ausreichend Sitzwarten verfügen. Für etwa 215 ha gab es 2020 Nutzungsvereinbarungen, sodass diese frühestens ab 1. Juli gemäht wurden, mindestens 70 ha davon sogar erst ab 15. Juli. Im Jahr 2018 waren es nur 25 ha gewesen. Darüber hinaus werden Nester außerhalb der Maßnahmenflächen lokalisiert und markiert, sodass die Landwirtinnen und Landwirte diese Flächen dann stehen lassen oder Teilbereiche aussparen können.

In einer zweiten Stufe des Projekts erfolgen Gehölzreduzierungen und andere Biotop verbessernde Maßnahmen, die zu einer weiteren Aufwertung und Vernetzung der Braunkehlchenlebensräume beitragen. Dafür wurde die LPV Lahn-Dill vom Lahn-Dill-Kreis beauftragt, diese umzusetzen.

Braunkehlchenpaten

Um die landwirtschaftlichen Betriebe zu unterstützen und ihr Engagement auch außerhalb von Förderprogrammen zu honorieren, haben die LPV und die HGON bereits 2019 öffentlich dazu aufgerufen Braunkehlchenpate zu werden. Für jedes geschützte, nicht ausgemähte Nest, erhielt jeder Bewirtschafter eine Urkunde und eine Dankeschön-Prämie in Höhe von 30 Euro je Brutpaar, welche durch die Patenschaften, also über Spenden finanziert wurden. So wurden 2019 für 124 Brutpaare und 2020 für 151 Bruten Paten gesucht und gefunden und es konnten entsprechend alle Dankeschön-Prämien ausgezahlt werden. Aufgrund der positiven Resonanz wurde die Aktion auch 2021 fortgesetzt und die Bürgerinnen und Bürger hatten wieder die Möglichkeit, ihre lokalen Landwirtinnen und Landwirte im Artenschutz direkt zu unterstützen.

Braunkehlchen auf einer Infotafel an den Struthwiesen von Hohenaar.
Foto: H. Weller. 19.6.2018.

Die Umsetzung der Maßnahmen erfolgt meistens von Landwirten sowie lokalen Forst- oder Landschaftsbaubetrieben, womit auch hier weitere Finanzierungen den lokalen Akteuren zugutekommen. Bis November 2020 wurden so 56 Maßnahmen, auf etwa 13 ha verteilt, umgesetzt bzw. befinden sich aktuell in der Umsetzung. Aber auch die Nachpflege der Gehölzmaßnahmen ist extrem wichtig. Neuausschläge von Weiden und Erlen können innerhalb von ein bis zwei Jahren wieder bis zu fünf Meter hoch werden. Ergänzt werden Entbuschungen meist durch weitere geeignete Braunkehlchen-Schutzmaßnahmen, wie der Anlage von Altgrasstreifen oder Spätmahdflächen.

Hohe Anzahl erfolgreicher Bruten

In 2020 konnten 164 sichere Brutpaare festgestellt werden, von denen 120, also mindestens 73 %, nachweislich erfolgreich gebrütet haben und mit flüggen Jungvögeln beobachtet wurden. Bei 27 weiteren Brutpaaren ist der Erfolg nicht sicher nachgewiesen, aber aufgrund der Mahdtermine doch sehr wahrscheinlich. Bei nur 8 Paaren wurde ein sicherer Verlust aufgrund der Mahd während der Brutzeit festgestellt (4,9 %). Im Jahr 2018 lag die Zahl noch bei mindestens 50 Brutpaaren, sodass hier eine deutliche Abnahme der Verluste zu verzeichnen ist. Lediglich bei neun Brutpaaren (5,5 %), die ihr Gelege vorzeitig aufgegeben hatten oder für die keine Jungvögel nachgewiesen werden konnten, sind die Verlustursachen unklar. Hier kann auch eine Prädation der Bruten nicht ausgeschlossen werden, die insgesamt nur eine sehr untergeordnete Rolle in unseren Gebieten spielt.

Dank der umfangreichen Braunkehlchenerfassung der letzten Jahre und der damit verbundenen Datengrundlage konnten die Schutzmaßnahmen gezielt in die Brutgebiete der Braunkehlchen gelenkt werden, sodass mittlerweile 61 % aller Brutpaare auf Maßnahmenflächen festgestellt wurden. Der durch die Maßnahmen vielfach höhere Bruterfolg führt direkt zu Zunahmen des Bestandes. So konnten im Hohen Westerwald, dem Schwerpunktraum des Braunkehlchens, in einem Teilgebiet (Gemeinde Breitscheid) statt der 42 in 2020 festgestellten Brutpaare, in 2021 insgesamt 63 Paare kartiert werden. Davon befanden sich allein 33 Paare im NSG „Rückerscheid mit Aubachtal" auf einer Fläche von nur 78 ha.

Flügger Jungvogel kurz vor der Fütterung. Foto: H. Weller. Struthwiesen, 19.6.2018.

Aufwärtstrend durch Zusammenarbeit

Die HGON ist optimistisch, dass bei einer Fortführung und weiteren Optimierung der Maßnahmen, der Bruterfolg weiter hoch bleibt und die Braunkehlchenpopulation damit weiter wachsen kann. Die Revier- und Brutpaarzahlen sind in den letzten Jahren zumindest stabil geblieben und zeigen stellenweise einen deutlichen Aufwärtstrend. Aufgrund natürlicher Schwankungen können Braunkehlchenbestände jedoch von Jahr zu Jahr zwischen 30 und 50 % schwanken. Daher ist eine längere Zeitreihe mit der nun begonnenen standardisierten Erfassungsmethode notwendig, um den Erfolg der Maßnahmen genau messen zu können.

Die Erfahrungen der letzten Jahre lassen aber hoffen, dass die Wende eingeleitet wurde und dass das Braunkehlchen in Hessen noch eine Zukunft hat. Dafür müssen die etablierten Maßnahmen, die Dokumentation der Bruten und insbesondere die intensive Betreuung und die enge Zusammenarbeit mit den Landwirtinnen und Landwirten weitergeführt werden. Die Kernelemente des Schutzprojektes sind die Bestandserfassungen und Maßnahmenvorschläge durch die Braunkehlchen-Berater und Franziska Schmidt (LPV Lahn-Dill) und die gute Zusammenarbeit mit der AlR sowie den Bewirtschaftern. Ein herzliches Dankeschön allen Beteiligten!

Matthias Korn

Literatur zum Thema

Bastian H 2018: Erfolge im Braunkehlchenschutz – Beispiele aus Mitteleuropa. In: Whinchat 3: 68–74.

BirdLife International Whinchat – *Saxicola Rubetra* 2016: The IUCN Red List of Threatened Species 2016. www.iucnredlist.org/species/22710156/87906903 (aufgerufen am 31.01.2021)

Hulme M F, Cresswell W 2012: Density and behaviour of Whinchats *Saxicola rubetra* on African farmland suggest that winter habitat conditions do not limit European breeding populations. Ibis 154(4): 680–692. DOI: 10.1111/j.1474-919X.2012.01258.x

Korn M, Hormann M 2017: SPA-Monitoring-Bericht für das EU-Vogelschutzgebiet 5316 – 401 „Wiesentäler um Hohenahr und die Aartalsperre" (Lahn-Dill-Kreis, Hessen). Büro für faunistische Fachfragen. Im Auftrag der Staatlichen Vogelschutzwarte für Hessen, Rheinland-Pfalz und Saarland, Linden.

Korn M, Kaiser B, Pech M, Thorn HO, Wenzel A, Wagner V 2008: Grunddatenerhebung des EU-Vogelschutzgebietes „Hoher Westerwald" (5314-450). Büro für faunistische Fachfragen. Im Auftrag des Regierungspräsidiums Gießen, Linden.

Korn M, Thorn H O, Jennemann T, Pech M, Haas V 2006: Grunddatenerfassung des EU-Vogelschutzgebietes „Hauberge bei Haiger" (5115-401). Büro für faunistische Fachfragen. Im Auftrag des Regierungspräsidiums Gießen, Linden.

Wichmann L, Bauschmann G, Korn M, Stübing S 2013: Artenhilfskonzept für das Braunkehlchen (*Saxicola rubetra*) in Hessen. Friedberg.

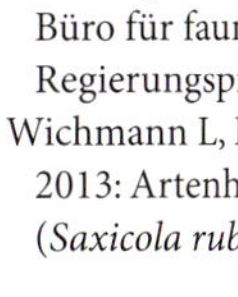

Matthias Korn ist Biologe und Mitinitiator des Braunkehlchen-Projekts der HGON sowie Geschäftsführer vom Büro für faunistische Fachfragen in Linden.

Wachtelkönige leben normalerweise sehr versteckt, nur selten kommen sie aus der Deckung. Morgens, wenn die taunassen Vögel ihr Gefieder im ersten Sonnenlicht trocknen wollen, kann man sie mitunter beobachten.
Foto: S. Pfützke. Nordkehdingen, 11.6.2012.

DEUTLICHER BESTANDSRÜCKGANG:

Wachtelkönige in Niedersachsen und Bremen

Auf der Roten Liste Deutschlands wird der Wachtelkönig als eine „Vom Aussterben bedrohte" Brutvogelart eingestuft, der Bestand wird derzeit auf 1300 bis 2000 Brutpaare geschätzt. Die größten Vorkommen der Art befinden sich in der Norddeutschen Tiefebene, dort besonders im Nordostdeutschen Tiefland und weniger ausgeprägt im Nordwesten. Für Niedersachsen und Bremen, wo die Art auf der kommenden Roten Liste aller Voraussicht nach hochgestuft und ebenfalls in die Kategorie „vom Aussterben bedroht" überführt werden dürfte, wird die Bestandsentwicklung und die aktuelle Situation nachfolgend näher beleuchtet.

Der Wachtelkönig war in den großräumigen Marschen und Niederungslandschaften von Elbe, Weser, Ems und deren Nebenflüssen bis in das späte 19. Jahrhundert ein häufiger und verbreiteter Brutvogel. Einer Schätzung zufolge könnte der Bestand damals bei deutlich über 4000 Revieren allein in Niedersachsen und Bremen gelegen haben. Aus Lokalavifaunen kann abgeleitet werden, dass ein deutlicher Rückgang bereits zu Beginn des 20. Jahrhunderts einsetzte, der sich in der zweiten Hälfte des 20. Jahrhunderts fortsetzte. Hauptgründe hierfür dürften sicher der Verlust der für die Art optimalen dynamischen Lebensräume in den Flussniederungen durch entsprechende wasserbauliche Maßnahmen bei gleichzeitiger sukzessiver Nutzungsintensivierung gewesen sein. Einer Artbearbeitung für die beiden Bundesländer zufolge war der Bestand in Niedersachsen und Bremen bereits in den 1970er Jahren soweit reduziert, dass nicht mehr von einer sich selbst bestandserhaltenden Population ausgegangen werden konnte. Einwanderungsjahre wie zum Beispiel 1979 und 1998 führten anschließend aber immer mal wieder zu nur wenige Jahre andauernden Wiederbesiedlungen von zuvor bereits lange Jahre verwaisten Brutgebieten und zeitweiligen Zunahmen der Brutbestände. Für die 1980er und die erste Hälfte der 1990er Jahre wird der Bestand in Normaljahren in Niedersachsen und Bremen auf nur noch 200 bis 350 Reviere geschätzt. Eine landesweite Erfassung 2004 ergab einen Bestand von 247 bis 280 Revieren. Unter Berücksichtigung von Erfassungslücken könnte er aber wohl etwa 10 % höher gelegen haben.

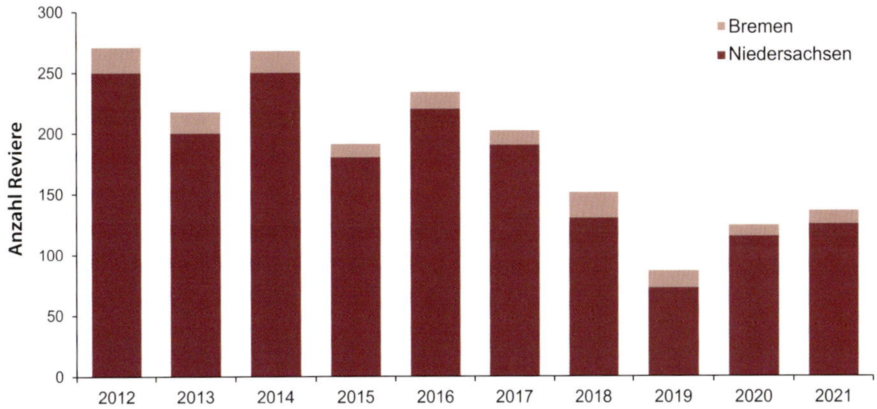

Entwicklung des geschätzten Brutbestandes (Anzahl der Reviere) des Wachtelkönigs in Niedersachsen und Bremen seit 2012. Zu erkennen ist ein besonders deutlicher Bestandsrückgang seit 2018.

Allerdings gab es nach einer auffälligen Einwanderung 1998 und in einigen Folgejahren vorübergehend wieder deutlich höhere Bestände, die in den beiden Bundesländern zusammen bis zu 840 Reviere betragen haben dürften. Im Zuge der Kartierungen für ADEBAR, die aufgrund der Bestandsdynamik der Art und des mehrjährigen Kartierzeitraumes im Hinblick auf die Ermittlung eines landesweiten Bestandes etwas schwierig zu interpretieren waren, wurde für Ende der 2010er Jahre dann ein Bestand von 270 Revieren angenommen.

Seit 2012 wurden in den Projektgebieten des LIFE Natur Projektes „Wiesenvogelschutz in Niedersachsen“ (LIFE10 NAT/DE/011) alljährlich die Brutbestände, teilfinanziert aus Mitteln des LIFE+ Programms der Europäischen Union, erfasst. Durch gezielte Abfrage der Bestände aus anderen Gebieten mit regelmäßigem Monitoring auf Initiative von Holger Henschel, Hannover, sowie der Daten aus dem Onlineportal *ornitho.de* konnte so eine Bestandsschätzung für Niedersachsen und Bremen alljährlich seit 2012 vorgenommen werden. Dabei wurde für die Jahre 2012 bis 2017 eine Größenordnung der Revierzahlen zwi-

Die extensiv bewirtschafteten Außendeichsbereiche an der Unterelbe bei Freiburg weisen fast in jeder Saison die höchsten Zahlen rufender Männchen in Niedersachsen auf. Foto: S. Pfützke. 14.6.2017.

schen knapp 200 und 270 ermittelt, 2018 waren es dann nur noch 150, 2019 erstmalig unter 100 und 2020 circa 125 Reviere. 2021 gab es abermals geringe Bestände in vielen der traditionell besiedelten Gebiete, dafür gab es aber mehrere Vorkommen abseits der bekannten Brutplätze, sodass insgesamt von einer kleinen Bestandserholung auszugehen ist.

Während der Bestand nach Datenlage in Niedersachsen und Bremen seit etwa der 1980er Jahre, wenngleich unter starken Schwankungen, auf geringem Niveau tendenziell nur geringfügig abgenommen hatte, kam es in den Jahren seit 2018 zu einem deutlichen Rückgang, von dem auch zuvor mit über Jahren stabilen, wenngleich auch den arttypischen oft schwankenden Beständen besiedelte Gebiete betroffen waren. Der aktuell zu beobachtende Bestandsrückgang betrifft auch Bereiche, wo seit Jahren eine auf die Belange des Wachtelkönigs abgestimmte Flächennutzung mit sehr späten Mahdterminen erfolgt, die zum Teil schon über einen längeren Zeitraum durchgeführt wurden, wie zum Beispiel in den Vogelschutzgebieten Unterelbe, Leinepolder bei Salzderhelden oder den Borgfelder Wümmewiesen bei Bremen.

Gegenläufige Entwicklungen in einzelnen Gebieten

Bemerkenswert ist vor diesem Hintergrund die Tatsache, dass es zwar in eigentlich allen Gebieten in den letzten Jahren mit den Beständen bergab ging, es allerdings immer wieder das Phänomen gab, dass sich jahrweise einzelne Gebiete von der Entwicklung abkoppeln und gegen den Trend gute Bestände aufweisen, wenngleich diese Entwicklung oft nur für eine oder wenige Saisons zu beobachten ist. Ein ähnliches Phänomen wurde übrigens schon bei der bereits erwähnten niedersachsenweiten Kartierung der Wachtelkönige 2004 beobachtet. In der aktuellen Phase gab es in nah beieinander liegenden Gebieten wie den „Mooren bei Buxtehude" und „Hamburger Moorgürtel" diese temporär unterschiedlichen Entwicklungen und auch in den beiden nur knappe 20 km voneinander entfernten Flussniederungen der Hamme und Wümme bei Bremen verliefen die Bestandskurven oft unterschiedlich. Selbst auf der Ebene von Gebietsteilen, wie an der Unterelbe zu beobachten war, konnten die Entwicklungen in einzelnen Jahren extrem stark voneinander abweichen, obwohl augenscheinlich keine Veränderungen in den Umweltbedingungen vor Ort erkennbar waren. Großräumiger betrachtet, im Vergleich Niedersachsen zu den Niederlanden, ist eine Übereinstimmung in der grundsätzlichen Tendenz erkennbar, innerhalb einzelner Jahre können die Entwicklungen allerdings deutlich voneinander abweichen. Da selbst alle über teilweise viele Jahre für den Wachtelkönig speziell gemanagten Gebiete von dem aktuellen Bestandsrückgang tendenziell betroffen sind, liegt der Verdacht nahe, dass die aktuelle negative Tendenz vorwiegend auf Entwicklungen außerhalb dieser Gebiete zurückzuführen sein muss.

Trockenheit als Ursache für einen Bestandsrückgang?

Die in den betroffenen Jahren ab 2018 verbreitet festzustellende trockene Witterung im Frühjahr wird von Betreuern vor Ort mitunter als Grund für die Bestandsrückgänge genannt. Die Bestandserfassung 2004 hatte nämlich gezeigt, dass die Siedlungsschwerpunkte des Wachtelkönigs in vergleichsweise naturnahen Niederungs- und Flusslandschaften mit Struktur gebendem Überschwemmungseinfluss liegen. Von daher kann ein Einfluss aufgrund der Trockenheit durchaus ein Grund für Entwicklungen in einigen Gebieten sein. Da aber von der aktuellen Entwicklung auch Gebiete betroffen sind, in denen die Wasserstandsdynamik teilweise gesteuert wird, wie in der Leineniederung bei Salzderhelden oder in den Borgfelder Wümmewiesen, und nicht nur solche, die ausschließlich der natürlichen Hochwasserdynamik ausgesetzt sind, muss es weitere Gründe geben.

Sicherlich stellen auch die bereits erwähnte These, dass schon in den 1970er Jahren kaum noch sich selbsterhaltende Populationen des Wachtelkönigs in Niedersachsen und Bremen existierten, und die Tatsache, dass die Art ganz offensichtlich nur eine geringe Bruttradition besitzt, was

Ein alljährlich vom Wachtelkönig besiedeltes Gebiet ist die Wümmeniederung bei Bremen. Vor allem die hier in Teilbereichen ausgeprägten Sauergrasfluren stellen Besiedlungsschwerpunkte dar.

Foto: S. Pfützke. 21.5.2011.

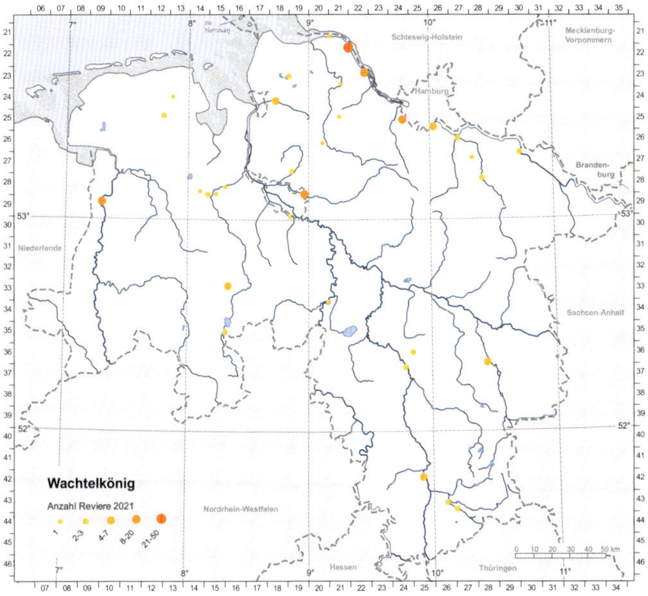

Verbreitung des Wachtelkönigs in der Brutsaison 2020 in Niedersachsen und Bremen. Schwerpunkte liegen in den Flussniederungen im Osten des Betrachtungsraumes.

Spät, wie in diesem Fall Anfang August, manchmal aber selbst noch im September, sind die Jungvögel flügge, wodurch sich Schutzbemühungen für diese Art als sehr anspruchsvoll gestalten. Foto: E. Lüers. 1.8.2007.

auch durch Beringungen in Niedersachsen und Bremen belegt werden konnte, weitere wichtige Aspekte dar. Somit liegt es nahe, dass die Bestandsentwicklung stark davon beeinflusst wird, wie intensiv der Zuzug von Vögeln aus anderen Bereichen, wohl vorwiegend aus Osteuropa, ausfällt.

Wichtiger Zuzug aus Osteuropa

Die Entwicklung in Niedersachsen und Bremen ist heutzutage offensichtlich stark von externen Einflüssen abhängig, was bei dieser zu ausgeprägt nomadisierenden Siedlungsverhalten neigenden Art nicht überraschend ist. So wird der temporäre Bestandsanstieg in Nordwestdeutschland Ende der 1990er Jahre oft im Zusammenhang mit Entwicklungen der Landnutzung in den Hauptverbreitungsgebieten in Ost- und Nordosteuropa in Verbindung gebracht. Es erscheint also nicht unwahrscheinlich, dass die aktuelle negative Entwicklung ebenfalls auf Entwicklungen im Hauptverbreitungsgebiet zurückzuführen ist. Außerdem können bei Langstreckenziehern wie dem Wachtelkönig selbstverständlich auch Auswirkungen auf dem Zug, wie die starke Bejagung und der flächendeckende Netzfang an weiten Küstenabschnitten des Mittelmeeres, sowie weitreichende Veränderungen in den Überwinterungsgebieten große Einflüsse ausüben.

Unabhängig davon ist eine erfolgreiche Reproduktion im Brutgebiet für jede Vogelart eine Grundvoraussetzung für den Bestandserhalt. Es hat sich in der Vergangenheit gezeigt, dass Gebiete mit gezielten Artenschutzmaßnahmen die größten Bestände in Niedersachsen und Bremen beherbergen. Dies unterstreicht trotz aller möglichen externen Einflüsse die enorme Wichtigkeit von der Durchführung entsprechender Maßnahmen, vor allem im Bezug auf das Nutzungsmanagement, zur Sicherung des mittlerweile sehr geringen landesweiten Bestandes. Da ein Großteil der verbliebenen Bestände Niedersachsens und Bremens heutzutage in hoheitlich geschützten Gebieten, oft EU-Vogelschutzgebiete, in denen der Wachtelkönig eine Wert gebende Art ist, siedelt, sind formell eigentlich gute Bedingungen gegeben, gezielter den Schutz dieser weltweit bedrohten Art in den hiesigen Brutgebieten zu fördern.

Stefan Pfützke, Jürgen Ludwig

Literatur zum Thema

Schröder K, Schikore T, Eikhorst W, Koffijberg K, Richter M 2007: Verbreitung, Bestand und Habitatwahl des Wachtelkönigs (*Crex crex*) in Niedersachsen und Bremen – Ergebnisse einer landesweiten Erfassung im Jahr 2004 sowie Aufarbeitung und Analyse der Bestandsentwicklung und Schutzsituation. Vogelkundl. Ber. Niedersachs.: 39: 1–38.

Stefan Pfützke engagiert sich seit mehr als dreißig Jahren im Wiesenvogelschutz. Eines seiner Schwerpunktthemen ist dabei der Wachtelkönig.

Jürgen Ludwig ist Biologe und Mitarbeiter der Staatlichen Vogelschutzwarte Niedersachsen und der Naturschutzstation Unterelbe. Eines seiner Schwerpunktthemen ist der Wiesenvogelschutz in Niedersachsen.

Mitarbeit beim Monitoring gefragt

Zur Kontrolle der Entwicklung in den nächsten Jahren ist eine Weiterführung von Monitoringmaßnahmen in den wichtigsten Brutgebieten der Art notwendig. Außerdem besteht die Chance, durch die Integration des Wachtelkönigs in das Programm des Monitorings seltener Brutvögel des DDA seit 2020 ein langfristiges Brutbestands- und Trendmonitoring in vielen weiteren Brutgebieten zu etablieren. Hierzu wäre es wünschenswert, wenn möglichst viele ehrenamtliche Mitarbeiter an diesem in der Regel lediglich in zwei Nächten je Saison und Gebiet notwendigen Kontrollen teilnehmen würden. Wer in Niedersachsen oder Bremen Interesse an der Mitarbeit hat, kann sich gerne an die Autoren wenden.

Der Fortbestand der niedersächsischen Uferschnepfenpopulation ist eng mit dem Schicksal von feuchtem und nassem Grünland verknüpft. Foto: B. Volmer. Dümmer, 20.4.2019.

AKTUELLE ERFASSUNG MIT TRAURIGER BILANZ:

Kiebitz und Uferschnepfe in Niedersachsen

Noch vor wenigen Jahrzehnten waren Kiebitze deutschlandweit verbreitet und lokal sogar sehr häufig – so häufig, dass in Teilen Norddeutschlands das Absammeln ihrer Eier für die eigene Versorgung eine typische Frühjahrstätigkeit war. Noch heute ist der Kiebitz die in Deutschland am weitesten verbreitete und häufigste Wiesenlimikole. Sein Bestand schrumpft jedoch seit Jahrzehnten, ganze Regionen sind mittlerweile verwaist, obwohl Kiebitze hinsichtlich ihrer Lebensraumwahl weitaus flexibler sind als andere Wiesenlimikolen. In Niedersachsen sollte 2020 eine landesweite Erfassung Aufschluss darüber bringen, wie es um die Art wirklich bestellt ist. Weil die Uferschnepfe im Nordwesten Deutschlands oft ein Begleiter des Kiebitzes im Feuchtgrünland ist, bot sich eine Kartierung der Uferschnepfe zusammen mit dem Kiebitz an.

In der ersten Hälfte des 19. Jahrhunderts müssen Kiebitze vor allem im Nordwesten Deutschlands aus heutiger Sicht unvorstellbar häufig gewesen sein. Der Ornithologe Naumann bezeichnete in seiner 1834 erschienenen „Naturgeschichte der Vögel Deutschlands" den Kiebitz „in den Marschlanden und anderen Sumpfgegenden des nördlichen Deutschlands" überall als „sehr gemein" und führte aus: „Wenn man durch solche Gegenden reist…, so muss man erstaunen über die enorme Anzahl dieser Vögel, die wohl allein Deutschland beherbergen mag." Ein weiterer Ornithologe und Zeitzeuge, F. Droste-Hülshoff, befand den Kiebitz 1869 „… an den Küsten der Nordsee, in den Marschländern, wo der Boden mehr zur Viehweide als zum Ackerbau benutzt wird…" als „unsäglich häufig".

Kurioserweise war die Uferschnepfe zu Beginn des 19. Jahrhunderts offensichtlich noch nicht so weit verbreitet. Ab 1850 bezeichneten verschiedene Zeitgenossen die Uferschnepfe in Norddeutschland dann als „nicht selten" oder „ziemlich häufig" und Droste-Hülshoff wiederum stellte fest, sie bewohne die ostfriesische Küstenlandschaft „in Menge". Die Umwandlung von Mooren in Grünländereien im 19. und in der ersten Hälfte des 20. Jahrhunderts dürften sich günstig ausgewirkt und zu einer deutlichen Bestandssteigerung geführt haben, sodass die Art in der gesamten Norddeutschen Tiefebene bis Ostpreußen zu einem verbreiteten und lokal sogar häufigen Brutvogel wurde.

Bestandsentwicklung der letzten Jahrzehnte

Im ersten Brutvogelatlas Niedersachsens, erschienen 1985 mit Daten aus den Jahren 1976 bis 1980, ist das Bundesland noch fast flächendeckend vom Kiebitz besiedelt. Von 75 % aller Messtischblattquadranten lagen zumindest Brutzeitfeststellungen vor. Und von einer noch weiteren Verbreitung musste man ausgehen, denn nicht alle Landesteile wurden genau erfasst. Kiebitze lebten in allen Naturräumen, selbst in höheren Lagen der naturräumlichen Region Bergland und Börden. So brüteten Kiebitze in den 1970er Jahren zum Beispiel noch im Harz bei Clausthal auf einer Höhe von 600 m – eine Angabe zur Zahl der Brutpaare (Bp) gab es noch nicht. Und selbst die viel stärker an Nass- und Feuchtgrünland gebundene Uferschnepfe besiedelte 26 % aller Messtischquadranten, allerdings mit deutlicher Konzentration im Nordwesten Niedersachsens und in den Niederungen der Ems, Elbe, Aller und Unterweser. Anders als beim Kiebitz gibt es im ersten Brutvogelatlas eine grobe Angabe zur Anzahl der Brutpaare (Bp): > 6000 Bp in 1975 und 1980.

Im zweiten Brutvogelatlas Niedersachsens, der 1997 erschien, werteten die Autoren die Zeitspanne 1981 bis 1995 aus und gaben für den Kiebitz 17 600 bis 55 600 Bp bzw. über 30 000 für 1985 und weniger als 30 000 Bp für 1990 und 1995 an. Vor allem in den östlichen und den südlichen Landesteilen schien der Bestand deutlich zu bröckeln, die Verbreitungslücken wurden größer. Dafür war die Flächenabdeckung bei der Erfassung offensichtlich höher, zum Beispiel entlang der Oberweser. Auf den Ostfriesischen Inseln und in einigen wenigen anderen Gebieten nahm der Kiebitzbestand zu. J. Onnen und H. Zang beschrieben in dem 1995 erschienenen Limikolenband der Avifauna Niedersachsens für den Zeitraum von 1961 bis 1993 einen Rückgang von 91 000 auf 27 000 Bp, also um 70 %. Die Anzahl der Uferschnepfenpaare schrumpfte bis 1995 schon merklich auf unter 5000 Bp (Spanne: 2400 bis 7200 Bp in 1985).

Im Zuge der ADEBAR-Kartierungen von 2005 bis 2008 wurde der niedersachsenweite Kiebitzbestand auf etwa 32 000 Bp berechnet. Deutlich erkennbar war vor allem, dass sich der massive Rückgang in den südlichen und östlichen Landesteilen fortgesetzt hatte. Südlich des Mittellandkanals gab es nur noch punktuelle Vorkommen. Im selben Zeitfenster offenbarte sich bereits, dass es um die Uferschnepfe noch viel schlechter bestellt ist. Nur noch 2500 Bp wurden ermittelt, die 61 % der gesamtdeutschen Population darstellten. Der Arealschwund war dazu beträchtlich. Der Anteil besiedelter TK-Quadranten hatte sich von 28 % im Zeitraum 1981 bis 1985 auf 15 % in 2005 bis 2008 nahezu halbiert. Fast alle Uferschnepfen lebten in den küsten- und grundwassernahen Küstengebieten und den Flussmarschen von Ems, Weser und Elbe sowie im Niedermoorgrünland rund um den Dümmer.

Neue Daten gebraucht

Niedersachsen beherbergt heute von beiden Arten den größten Brutpaaranteil in Deutschland. Etwa 40 % aller Kiebitze und sogar 60 % aller Uferschnepfen lebten in den 2000er-Jahren gemäß des deutschen Brutvogelatlas ADEBAR in dem flächenmäßig zweitgrößten Bundesland. Der erkennbare, aber zumindest außerhalb der gut betreuten und regelmäßig erfassten Schutzgebiete nicht quantifizierbare Bestandsrückgang in dem für diese Arten besonders wichtigen Bundesland Niedersachsen war wiederum zehn Jahre später so erschreckend, dass die Staatliche Vogelschutzwarte, die Niedersächsische Ornithologische Vereinigung (NOV), lokale ornithologische Vereinigungen und Arbeitsgruppen sowie der NABU vereinbarten, für eine effiziente Ausgestaltung von Schutzmaßnahmen möglichst exakte Daten zu sammeln – vor allem auch in Hinblick auf zukünftige Feuchtwiesenschutzmaßnahmen. 2020 riefen sie infolgedessen gemeinsam zu einer landesweiten Erfassung von Kiebitz und Uferschnepfe in Niedersachsen und Bremen auf, wohl wissend, dass das Vorhaben schwierig sein würde, zumal nicht nur blanke Zahlen ermittelt werden sollten, sondern auch Daten zur Lebensraumnutzung der beiden Arten. Das Vorhaben gelang. Mehrere Hundert Mitarbeiter konnten landesweit motiviert werden, Kiebitze und – in einer deutlich kleineren Kulisse – auch Uferschnepfen zu kartieren: Manche übernahmen ein paar Quadratkilometer, andere suchten tagelang ganze Gemeinden, Kartenblätter oder Landschaftsräume ab und legten dabei einige Hundert Kilometer zurück.

Selten gewordenes Schauspiel: Balzflug eines Kiebitzmännchens. Foto: B. Volmer. Dümmer, 9.5.2020.

Traurige Ergebnisse – trotz einiger Überraschungen

Auf den ersten Blick mögen die neuen Daten zum Kiebitz positiv überraschen: Über 17 000 Brutreviere konnten landesweit in Niedersachsen und Bremen erfasst werden. Berücksichtigt man, dass die Art vor allem in den nordwestlichen Landesteilen noch großräumig in der „Normallandschaft", also auch außerhalb von Schutzgebieten, verbreitet ist und hier größere Erfassungslücken bestehen, kann man von tatsächlich zumindest noch annähernd 20 000 Paaren ausgehen.

Doch zeigen mit Ausnahme einiger gut gemanagter Schutzgebiete die Trends fast überall seit vielen Jahren deutlich nach unten. Auch das deutschlandweite „Monitoring in der Normallandschaft" in dem jeweils einen Quadratkilometer große, festgelegte Probeflächen alljährlich ehrenamtlich erfasst werden, zeigt einen stark negativen Trend. Somit müssen die früheren, bereits erwähnten Bestandsschätzungen als teils zu niedrig gelten – zwar hat sich der Kiebitz nach der ADEBAR-Kartierung nicht mehr in so starkem Maße aus weiteren größeren Landschaftsräumen zurückgezogen wie in den beiden Jahrzehnten zuvor, doch fast überall dünnen die lokalen Populationen weiter aus.

Bei der Uferschnepfe sieht die Situation noch wesentlich dramatischer aus als beim Kiebitz: Nur etwa 1650 Paare konnten in Niedersachsen und Bremen erfasst werden, und – abgesehen von einigen versprengten Brutpaaren zumeist im näheren Umfeld besiedelter Schutzgebiete – ist auch nicht von nennenswerten Erfassungslücken auszugehen. Geeignete Brutstandorte, die heute fast ausschließlich im feuchten und nassen Dauergrünland liegen, sind für diese standorttreue Art außerhalb der bekannten Brutgebiete kaum noch vorhanden.

Die Zahl der in Niedersachsen brütenden Uferschnepfen ist auf etwa 1650 Paare geschrumpft. Fast alle brüten heute in Schutzgebieten.

Foto: B. Volmer. Dümmer, 20.4.2014.

Schutzgebiete als Rückzugsräume – aber ohne Garantie auf Bruterfolg

Etwa 45 % der Kiebitz- und an die 80 % der Uferschnepfenpaare in Niedersachsen und Bremen wurden innerhalb von europäischen Vogelschutzgebieten registriert (beim Kiebitz dürfte, anders als bei der Uferschnepfe, der reale Anteil etwas niedriger liegen, da in der übrigen „Normallandschaft" erheblich größere Erfassungslücken verblieben sind). Hinzu kommen zahlreiche weitere Brutpaare beider Arten, die in Naturschutzgebieten, Kompensationsflächenpools oder Ähnlichem brüten und solche, bei denen auch außerhalb von Schutzgebieten Gelege- und Kükenschutz betrieben wird. Somit siedeln über die Hälfte der Kiebitz- und die weitaus meisten Uferschnepfen-Brutpaare in Schutzgebiete. Die Qualität der Lebensräume und weitergehender Schutzmaßnahmen innerhalb dieser ist jedoch zwischen den Gebieten sehr unterschiedlich.

Kiebitze legen ihre Nester innerhalb des Grünlandes gern auf offenen Bodenstellen an, wie hier auf dem Aushub einer Blänke.

Foto: T. Brandt. NSG Meerbruchswiesen, Wunstorf, 2.5.2016

Kiebitzküken brauchen strukturreiches Grünland mit geringem Raumwiderstand einerseits und Versteckmöglichkeiten andererseits.

Foto. E. Lüers. NSG Meerbruchswiesen, Mardorf, 24.6.2011.

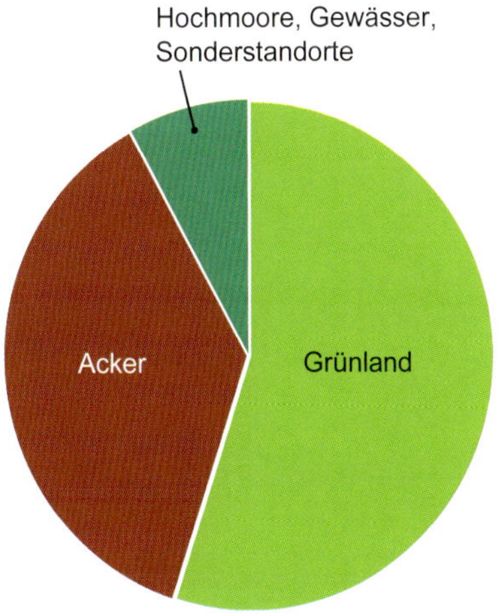

Anteile der niedersächsischen Kiebitzbruten an den unterschiedlichen Lebensraumtypen …

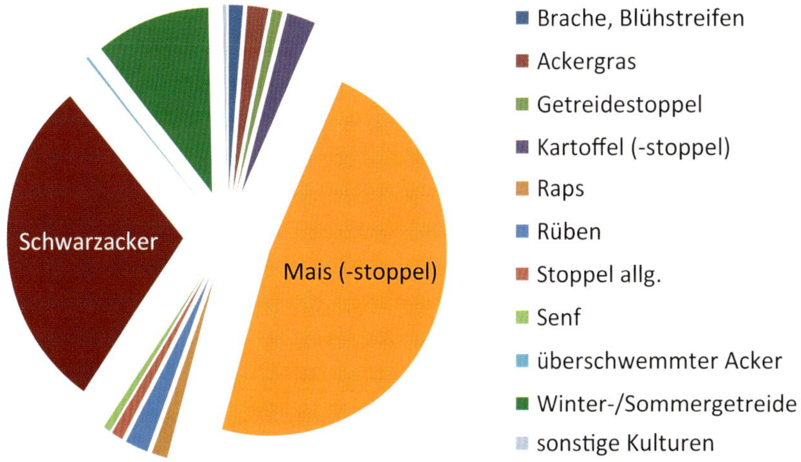

… und deren Verteilung im Ackerland (im Detail). Fast drei Viertel der Ackerbrüter legen ihre Nester auf Maisäckern/Maisstoppeln oder noch unbestellten Schwarzäckern an.

Einige Schutzgebiete stechen heraus: Neben dem Nationalpark Niedersächsisches Wattenmeer, der auch wichtige Wiesenbrütergebiete in den eingedeichten Bereichen der Ostfriesischen Inseln wie Borkum und Norderney umfasst, sind vor allem zwei Gebiete bemerkenswert: Im Vogelschutzgebiet „Unterelbe", das einen Teilabschnitt der linksseitigen Elbmarsch zwischen Stade und Cuxhaven umfasst, brüten noch fast 1750 Kiebitz- und 220 Uferschnepfenpaare (Stand 2019). Tiefer im Binnenland, etwa 35 km nordöstlich von Osnabrück, liegt das Vogelschutzgebiet „Dümmer" mit 698 Kiebitz- und 200 Uferschnepfenpaaren (Stand 2020). Beide Gebiete enthalten große, zusammenhängend in öffentliches Eigentum überführte und wiedervernässte Feuchtgrünland-Komplexe, die nur unter strengen, auf die Bedürfnisse der Wiesenvögel abgestimmten Nutzungsauflagen bewirtschaftet werden dürfen. Zahlreiche Kleingewässer werten das Grünland auf; am Dümmer werden zudem Raubsäuger, deren Bestände in den vorigen Jahrzehnten erheblich zugenommen hatten und die im erheblichen Umfang Eier und Küken der Bodenbrüter fressen, abgefangen. Solch gemanagte Gebiete weisen auch heute deutlich überdurchschnittliche Schlupf- und Aufzuchterfolge auf, sodass sich selbsttragende Wiesenvogelpopulationen bilden, die teilweise sogar noch durch einen „Überschuss" in der Reproduktion die Bestände im weiteren Umfeld stützen können.

Jedoch gibt es längst nicht in allen Vogel- und Naturschutzgebieten mit Brutvorkommen von Wiesenlimikolen Nutzungsauflagen oder -vereinbarungen, die unter anderem späte Mahdzeitpunkte oder begrenzte Viehdichten während der Brutzeit regeln. Zielführend wären in weiteren Schutzgebieten auch spezielle Gelege- und Kükenschutzmaßnahmen, zum Beispiel durch ein Aussperren bzw. eine Entnahme von Prädatoren wie Rotfuchs, Waschbär oder Wildschwein.

Kiebitz – Vom Feuchtgrünland- vielfach zum Ackervogel …

Schon früh stellten die Beobachter fest, dass Kiebitze auch auf Ackerflächen brüten. Vor allem die bis in den Mai hinein noch nicht umgebrochene Maistoppelfelder sowie die neu eingesäten Maisäcker und lokal auch Zuckerrübenfelder nehmen die Vögel gern an. Gerade Stoppelfelder und frisch bestellte Äcker erscheinen den Vögeln mit ihrem hohen Offenbodenanteil attraktiv. Das gilt umso mehr, wenn an nassen Stellen noch kleine Blänken verbleiben bzw. sich dort später in den aufwachsenden Kulturen Kahlstellen bilden. Fast immer kommt es jedoch zu Verlusten von Gelegen oder der kleinen Küken, wenn Stoppelfelder während der Brutzeit umgebrochen und zur Neueinsaat vorbereitet werden. Sie werden somit leicht zu einer ökologischen Falle. Doch auch auf besiedelten, bereits bestellten Feldern ergeben sich Brutverluste durch Befahren etwa zur Düngung oder Schädlingsbekämpfung. Zudem wachsen vor allem Maisfelder schnell auf, die dort brütenden Kiebitze verlieren die freie Rundumsicht auf sich evtl. annähernde Prädatoren und geben daher die Gelege häufig auf.

Etwa zwei Drittel aller Kiebitzpaare in Niedersachsen brüten im Grünland. Foto: B. Volmer. Dümmer, 6.4.2020.

Überschwemmte Wiesen sind ein wichtiger Lebensraum für Kiebitze und Uferschnepfen.

Foto: T. Brandt. NSG Meerbruchswiesen, Mardorf, 30.3.2015.

Bei den aktuellen, landesweiten Erhebungen wurden circa 55 % der Kiebitze auf Grünland gefunden. Etwa 37 % der Kiebitze wurden auf Ackerland registriert, ihr tatsächlicher Anteil liegt in den weniger intensiv kartierten Ackerflächen aber wohl etwas höher bei knapp über 40 %. In Relation zu etwa 26,5 % Grünlandanteil und 73,5 % Ackerland aller landwirtschaftlichen Nutzflächen in Niedersachsen werden Wiesen und Weiden also weiterhin klar präferiert.

Für über 3300 Kiebitzreviere auf Äckern wurde bei der Erfassung auch die aktuelle Nutzung notiert: Fast die Hälfte aller Ackerreviere entfiel auf Maisstoppeln bzw. neu bestellte Maisfelder, weitere circa 30 % auf „Schwarzäcker", das heißt kürzlich umgebrochene Flächen oder frisch eingesäte, noch nicht aufgelaufene Ackerkulturen. Hierunter dürfte sich noch einmal ein erheblicher Anteil von gerade umgepflügten Maisstoppeln wie auch neu eingesäten Maisfeldern verbergen. Mit gut 10 % haben lediglich Winter- und Sommergetreidefelder noch einen nennenswerten Anteil, alle übrigen Kulturen wie zum Beispiel Ackergras, Kartoffeln, Raps, Rüben wie auch Blühstreifen und Brachen machen jeweils nur etwa 1 bis 2 % aus. Zuckerrübenfelder sind zwar ein wesentliches Habitat in den Bördelandschaften Niedersachsens, dort kommt aber insgesamt nur ein geringer Anteil am landesweiten Kiebitzbestand vor.

Von den besiedelten Grünlandflächen entfallen nach Daten der Agrarförderung 7 % auf Mähwiesen, fast 87 % auf Mähweiden und gut 6 % auf reine Weiden. Damit werden im Vergleich zu den landesweiten Anteilen dieser Nutzungsformen reine Weiden offenbar etwas präferiert und Mähwiesen tendenziell gemieden, der überwältigende Anteil an Mähweiden erschwert aber eine genauere Einordnung. Zudem kommt der Kiebitz vor allem in den küstennahen Marschgebieten vor, wo die Milchvieh-Weidewirtschaft höhere Anteile hat als im landesweiten Vergleich.

… und zum Brutvogel von Sonderstandorten

Etwa 8 % der Kiebitze nutzt nicht landwirtschaftlich genutzte Habitate. In erster Linie sind dies wiedervernässte Hochmoore, aber auch Abtorfungsflächen. Daneben werden auch andere Bodenabbauten, also Sand-, Kies- und Tongruben sowie Kleientnahmestellen bzw. die Randbereiche dort entstandener Gewässer besiedelt, ebenso Spülfelder und schütter bewachsene Ufer natürlicher Gewässer, Regenrückhaltebecken, abgelassene Fischteiche und zur Renaturierung teilweise überstaute Niedermoore. Vereinzelt kommen Kiebitze auch in kurzrasigen Heiden und Sandmagerrasen, auf Industriebrachen, Baustellen und anderen Sonderstandorten vor. Viele dieser Lebensräume stehen allerdings nur zeitweise zur Verfügung; auf maschinellen Abtorfungsflächen drohen im Falle von Flächenbearbeitung während der Brutzeit ähnlich wie

Kiebitze brüten auch in Bodenabbauflächen. Diese ähneln den längst verlorenen Primärlebensräumen – den Schotter- und Sandbänken großer Flüsse.

Fotos: T. Brandt. Rinteln, 8.7.2018 (links); K. Büscher. Rinteln, 23.2.2019 (rechts).

Chancen für den Kiebitz: Ein nicht unerheblicher Teil der niedersächsischen Kiebitze brütet heute auf wieder vernässten Hochmoor-Abbauflächen. Foto: T. Beuster. Landkreis Nienburg, 24.6.2019.

auf Äckern Brutverluste. Wiedervernässte Hochmoore sind nur dann über längere Zeiträume geeignet, wenn hohe Wasserstände und gegebenenfalls Pflegemaßnahmen gehölzfreie, kurzrasige Bereiche und offene Torfschlammflächen sichern. Viele Flächen wachsen jedoch in wenigen Jahren hoch mit Pfeifengras auf und verbuschen, weil sie nicht ganzjährig ausreichend vernässt sind, teils auch beschleunigt durch Nährstoffeinträge.

Uferschnepfe – bleibt dem Feuchtgrünland treu

Im Gegensatz zum Kiebitz ist die Uferschnepfe weiterhin weitestgehend auf Dauergrünlandareale konzentriert. Nur vereinzelt wurden in den letzten Jahren Bruten unter anderem in Getreidefeldern bekannt. Uferschnepfen weichen auch nicht auf wiedervernässte Hochmoore oder Sonderstandorte aus; in ihrem Nahrungserwerb sind sie zur Brutzeit stark an feuchtes, stocherfähiges Grünland gebunden. Auch deshalb sind ihre Vorkommen heute so stark auf feuchte und nasse Grünlandschutzgebiete konzentriert.

Zukunftsperspektive

Mit Ausnahme einiger gut betreuter Schutzgebiete ist die Bestandsentwicklung beider Arten anhaltend negativ und es spricht wenig dafür, dass sich diese Trends in den nächsten Jahren ohne massive zusätzliche Anstrengungen aufhalten oder gar umkehren lassen. Selbst dort, wo durch Bewirtschaftungsauflagen oder die zunehmend praktizierten Gelege- und Kükenschutzmaßnahmen die Verluste durch landwirtschaftliche Arbeiten entscheidend reduziert werden können, wird ein guter Aufzuchterfolg nicht automatisch erreicht. Zu schnelles Aufwachsen der Vegetation, mangelnde Verfügbarkeit der Kükennahrung gerade auch in den zuletzt meist viel zu trockenen Frühjahren wie auch die Prädation vor allem durch Säugetiere stehen dem entgegen. Dabei zeigen Beispiele wie die Dümmerniederung, wie Wiesenvogelschutz langfristig funktionieren kann: Große, zusammenhängende Flächen im öffentlichen Eigentum (!), in denen man die Wasserstände den fachlichen Anforderungen entsprechend steuern kann, günstige Vegetationsstrukturen durch Einstellung der Düngung und gezieltes Überstauen schützen und entwickeln das Ökosystem Feuchtgrünland insgesamt und machen auch bei Trockenheit Nahrung besser verfügbar. Verluste durch die landwirtschaftliche Nutzung lassen sich durch abgestimmte Mahdtermine fast gänzlich vermeiden und Prädatoren können durch das Entfernen größerer Gehölze sowie durch Regulierung zurückgedrängt werden.

Solche umfassenden Naturschutzmaßnahmen sind aber in Zeiten stark gestiegener Bodenpreise sehr kostspielig und zudem personalintensiv. Andererseits wurden und werden erhebliche Geldmittel aufgewendet, um die Landschaft für unsere Feuchtwiesenvögel unbewohnbar zu machen und zu halten.

Der Gelege- und Kükenschutz unter „normaler" Landwirtschaft kann ebenfalls ein gutes Stück weit erfolgreich sein – schützt aber nur die wenigen Zielarten und nicht die Biodiversität insgesamt.

Volker Blüml, Thomas Brandt

Literatur zum Thema

Gedeon K, Grüneberg C, Mitschke A, Sudfeldt C, Eickhorst W, Fischer S, Flade M, Frick S, Geiersberger I, Koop B, Kramer M, Krüger T, Roth N, Ryslavy T, Stübing S, Sudmann S R, Steffens S, Vökler F, Witt K 2014: Atlas Deutscher Brutvogelarten – Atlas of German Breeding Birds. Stiftung Vogelmonitoring und Dachverband Deutscher Avifaunisten. Münster.

Gerdes K 1995: Uferschnepfe – *Limosa limosa*. In: Zang H, Großkopf G, Heckenroth H: Die Vögel Niedersachsens, Austernfischer bis Schnepfen. Naturschutz und Landschaftspflege in Niedersachsen B, H. 2.5, Hannover.

Heckenroth H 1985: Atlas der Vögel Niedersachsens 1980. Naturschutz und Landschaftspflege in Niedersachsen 14, Hannover.

Heckenroth H, Laske V 1997: Atlas der Brutvögel Niedersachsens 1981–1995. Naturschutz und Landschaftspflege in Niedersachsen 39, Hannover.

Keller V, Herrando S, Voříšek P, Franch M, Kipson M, Milanesi P, Martí D, Anton M, Klvaňová A, Kalyakin M V, Bauer H G, Foppen R P B 2020: European Breeding Bird Atlas 2: Distribution, Abundance and Change. European Bird Census Council & Lynx Edicions, Barcelona.

Koiker G, Buckow C V 1997: Der Kiebitz – Flugkünstler im offenen Land. Aula, Wiesbaden.

Krüger T, Ludwig J, Pfützke S, Zang H 2014: Atlas der Brutvögel in Niedersachsen und Bremen 2005–2008. Naturschutz und Landschaftspflege in Niedersachsen 48, Hannover.

Onnen J, Zang H 1995: Kiebitz – *Vanellus vanellus*. In: Zang H, Großkopf G, Heckenroth H: Die Vögel Niedersachsens, Austernfischer bis Schnepfen. Naturschutz und Landschaftspflege in Niedersachsen B, H. 2.5, Hannover.

Südbeck P, Andretzke H, Fischer S, Gedeon K, Schikore T, Schröder K, Sudfeldt C 2005: Methodenstandards zur Erfassung der Brutvögel Deutschlands. Radolfzell.

Dr. Volker Blüml leitet u. a. eine regionale ornithologische Arbeitsgemeinschaft und ist Vorstandsmitglied der Deutschen Ornithologen-Gesellschaft. Er studierte Landschaftsentwicklung an der FH Osnabrück und promovierte an der Universität Bremen, AG Vegetationsökologie und Naturschutzbiologie. 2001 war er Mitbegründer eines Planungsbüros. Seitdem ist er beruflich auch in der Ornithologie und Vegetationskunde tätig.

Thomas Brandt siehe S. 9.

Ringelgänse suchen auf dem Nordseedeich Nahrung.
Foto: H. Kruckenberg. Leyhörn, 8.6.2013.

EIN LEBEN AUF GRAS:

Bedeutung von Grünland für Gänse

Gänse sind in Mitteleuropa typische Grünlandnutzer. Vor allem in der kalten Jahreszeit treten sie in Nord- und Ostdeutschland in großen Scharen auf. Viele Vogelbeobachter sind fasziniert von Gänseschwärmen auf Wiesen und Feldern oder von überziehenden Gänseformationen, andere Menschen meinen, dass es schon zu viele seien und beklagen „Gänseschäden". Zwei Gänseexperten beschreiben, warum Gänse, die in den 1970er Jahren bei uns noch in viel geringeren Zahlen überwinterten, gern auf Wirtschaftsgrünland fressen, wo und was ihre ursprünglichen Nahrungsgebiete sind und zu welchen Konflikten die Gänsescharen führen.

Gänse sind Grasfresser. Diese Spezialisierung scheint auf den ersten Blick keine große Einschränkung, denn Gras gibt es ja überall – zumindest in Nordwesteuropa. Gras als Hauptnahrung hat jedoch ein Problem: Sein Energiegehalt ist sehr gering. Ein Großteil der Graszellwände ist verholzt und muss während der Verdauung chemisch aufgeschlossen werden. Wiederkäuer wie Rinder lösen dies mit symbiotischen Bakterien im Vormagen – und Zeit. Für Vögel ist dies keine Option. Eine chemische Aufbereitung der Nahrung würde zu viel Zeit kosten und die Nahrung würde sich im Körper ansammeln. Da Gänse aber fliegen können müssen und ihre Flugfähigkeit bei erhöhtem Körpergewicht stark eingeschränkt ist, wäre ihr Leben in Gefahr. Der Fuchs hätte ein leichtes Spiel. Aus diesem Grund gehen Gänse, Schwäne und Enten einen anderen Weg: Die Masse macht's. Verdaut wird nur, was mechanisch aufzuschließen ist, das ist maximal ein Drittel der Nahrung. Gänsekot ist daher noch grün und enthält noch viele Nährstoffe – potenziell guter Dünger. Die Nahrung wird also von den Gänsen höchst ineffizient genutzt. Um ihre Energiekosten zu decken und gegebenenfalls noch Fettreserven für den Zug und die Brutzeit anzulegen, müssen Gänse schnell fressen. Es wurde gezeigt, dass zum Beispiel Weißwangengänse 137 Mal pro Minute „picken", also mit ihrem Schnabel einen Grashalm abzupfen. Aber Geschwindigkeit reicht nicht aus, die Gänse müssen dabei auch jede verfügbare Minute mit sicherem Tageslicht zum Fressen aufwenden und an kurzen Tagen auch Teile der Nacht. Zudem wählen Gänse immer das proteinreichste, hochwertigste Gras. Das wurde im Laufe der Evolution über tausende von Jahren in den Genen der Gänse fixiert. Denn nur mit dem besten verfügbaren Futter können die Vögel in der Naturlandschaft, wo das Gras im Winter braun und trocken wird, überleben.

Menschen verändern die Welt der Gänse

Einstmals waren Gänse in unseren gemäßigten Breiten sicherlich auf die Nutzung von Überschwemmungsflächen in den Flussniederungen, die Salzwiesen des Wattenmeeres und die ausgedehnten Moore spezialisiert. Die natürlichen und naturnahen Lebensräume gingen in den letzten hundert Jahren fast vollständig verloren. Verstärkend kamen extreme jagdliche Verfolgungen in den Wirren der Weltkriege und im Umkreis der Gefangenenlager aus der Stalinzeit in der damaligen Sowjetunion hinzu. In den 1960er Jahren waren fast alle arktischen Gänsearten stark bedroht, die Graugans war bereits im späten Mittelalter in Westeuropa ausgestorben. Vielerorts wurden deshalb umfangreiche Schutzmaßnahmen wie Jagdbeschränkungen, Schutzgebiete oder Ruhezonen entwickelt. Als sich infolgedessen die Gänsebestände Mitte der 1980er Jahre wieder erholten, trafen sie auf eine vollständig neue Welt: Die Landwirtschaft war seit dem 2. Weltkrieg zunehmend mechanisiert und industrialisiert worden. Die großen Moorkomplexe waren weitgehend entwässert, abgetorft oder in landwirtschaftliche Nutzung überführt und große Teile der Salzwiesen waren eingedeicht worden. Deren Reste wurden bis in die 1980er Jahre intensiv von Weidevieh genutzt. Gänse, die wie alle Herbivoren an eine Landschaft angepasst sind, in der es an energiereicher Nahrung mangelt, fanden sich im Schlaraffenland wieder: überall leuchtend grüne Grasflächen. In der heutigen Form der Landwirtschaft herrscht an Stickstoff und Phosphor kaum ein Mangel, es wird ausgiebig gedüngt und Gülle ausgebracht. Diese Industrialisierung der Landwirtschaft hatte im Ackerland begonnen, kam ab den 1980er Jahren auch im Grünland an. Nach anfänglichen Anpassungsproblemen schwenkten die Gänse tatsächlich auf Agrarland als Nahrungsflächen um. Bereits Mitte der 1990er Jahre konnte Mennobart von Eerden in einer europaweiten Untersuchung zeigen, dass sich alle herbivoren Wasservögel dort konzentrierten, wo das größte Stickstoffangebot herrschte: in den Niederlanden, Nordwestdeutschland, Ungarn und Kasachstan. Dort wurden über die Jahre enorme Mengen Stickstoff- und Phosphatdünger in den Boden eingebracht, was zum Wachstum besonders energiereichen und proteinreichen Grases führte – eine attraktive Nahrung für Pflanzenfresser wie Gänse, die energetisch ursprünglich auf schmale Kost adaptiert waren.

Dem guten Gras hinterher – Bestandsverlagerungen und grüne Welle

Gänse folgen dem Wachstum des Grases, auf allen Skalen. So folgen arktische Gänse zum Beispiel dem frischen Grün des Frühjahrs auf dem Weg in ihre nördlichen Brutgebiete. Keine der Gänsearten fliegt direkt vom Wintergebiet nonstop in die Brutregionen, denn Fliegen kostet viel Energie. Stattdessen rasten die Vögel immer wieder während des Zuges, um ihre Fettreserven aufzufüllen. Schritt für Schritt nähern sie sich so den Brutrevieren im Norden, immer wieder mit Pausen von wenigen Tagen bis Wochen, natürlich in Gebieten mit viel gutem Gras, um ihre

Intensive Milchviehhaltung prägt Norddeutschland. Deshalb werden die Flächen häufig gedüngt.

Foto: H. Kruckenberg. Oldersum, Leer, 20.2.2019.

körperinternen Vorräte aufzufüllen. Diese Gebiete sind mehrere Hunderte oder Tausende Kilometer voneinander entfernt, je nach Gänseart unterschiedlich. Besonders spannend ist aber nicht nur das „Wo" der Pausen, sondern insbesondere das „Wann". Für mehrere Arten ist bestätigt, dass sie im Frühjahr die Ankunft in sukzessiven Rastgebieten so „timen", dass bei ihrer Ankunft das Gras gerade zu wachsen beginnt, sie folgen also einer „grünen Welle". Oft sprießen die jungen Gräschen noch unter den letzten Resten von Schnee und Eis. Die jungen Gräser sind besonders nährstoffhaltig und die Gänse können schnell sehr viel Energie aufnehmen und weiterziehen, sobald sie „fühlen", dass im nächsten Rastgebiet das junge Gras beginnt zu wachsen.

Aber auch die Rastgebiete der Gänse sind im Wandel. Durch den Zusammenbruch der Sowjetunion und dem daraus folgenden Versiegen der Subventionen für die landwirtschaftlichen Staatsbetriebe verbuschen viele Grünflächen auf den Zugrouten der Gänse. Die einst leuchtend grünen und gut gepflegten Wiesen und Felder liegen brach, das Gras wächst lang und Bäume und Büsche wachsen nach. Dadurch werden die Gebiete für die Gänse unbrauchbar, sie können die langen Grashalme nicht gut abzupfen, diese sind zu verholzt, um schnell Energie herauszuholen, und hohe Vegetation nimmt den Tieren die weite Sicht auf eventuelle Feinde. Die Gänse müssen sich andere Rastgebiete suchen, was oft auch zu Umlagerungen ihrer gesamten Zugroute führt – nach und nach. Als Ende der 1980er Jahre das Wirtschaftssystem des Sozialismus im Osten zusammenbrach, waren die Auswirkungen schnell im Wintergebiet zu spüren. Aufgrund des Zerfalls der Planwirtschaft wurden die Felder nicht mehr bewirtschaftet. Dies führte zu einem Produktivitätsrückgang und insgesamt einem Rückgang landwirtschaftlich genutzter Fläche. Das Gras verlor seine Nährstoffqualitäten und so wurden starke Verlagerungen insbesondere der Bläss- und Saatgansbestände nach Westeuropa beobachtet. Bis heute weisen Verlagerungen der Zugrouten auf die Habitatveränderungen durch die russische Landflucht nach. Durch die globale Erwärmung gibt es in den letzten Jahren aber auch ohnehin schon eine Rückbewegung gen Osten. Viele Gänse und auch Sing- und Zwergschwäne finden im Nordosten Deutschlands und auch Polens den gesamten Winter grüne, schneefreie Wiesen und bewegen sie in einigen Jahren nicht mehr weiter in die Niederlande.

Für ihren Langstreckenflug in die Brutgebiete müssen die Gänse in den Weiden Norddeutschland große Fettreserven anlegen.
Foto: H. Kruckenberg. Dyksterhusen Leer, 25.4.2019.

Wiederholte Beweidung führt zu Gras mit hohem Energiegehalt. Attraktive Flächen werden daher häufig besucht.
Foto: H. Kruckenberg. Hudiksvall, 17.6.2019.

Regionale Nutzungsmuster – systematische Grünlandnutzung im Winter

Auch innerhalb ihrer Überwinterungsgebiete zeigen die Gänse Nutzungsmuster, die durch das Futterangebot gesteuert sind. Wurde eine Wiese von einer größeren Zahl Gänse beweidet, sind hier die attraktiven oder nutzbaren Grasspreiten zunächst abgefressen. Dann wächst das Gras nach. Aber Wachstum ist in der kalten Jahreszeit langsam und dauert seine Zeit. Für die Gänse ist dann dort erstmal nichts zu fressen. Dieser Mechanismus führt zu großräumigen Nutzungsmustern, wie auf Basis intensiver Zählungen in Nordwestdeutschland gezeigt werden konnten: Die großen Scharen beginnen ihren Weidezug im Norden des Gebietes nahe dem Schlafplatz Wattenmeer. Von dort fliegen sie zunächst auf die nächstgelegenen Weiden und fressen dort. Über Tag beginnen die ersten Vögel auf die Nachbarfläche zu wechseln und am kommenden Morgen landet die ganze Schar neben der Wiese, die sie am Vorabend verlassen haben. So entsteht – fügt man alle Tagesverteilungen als Trickfilm zusammen – über mehrere Wochen ein deutliches Bild: Die Gänse weiden das Rastgebiet in einem Nord-Süd-Muster systematisch ab. Ist im Norden das Gras nachgewachsen – und das passiert im milden Winterwetter Ostfrieslands regelmäßig – beginnt die Welle erneut im Norden. Aufgrund dieser Nutzungsmuster wurde deutlich, wie essenziell für die Gänse große, unzerschnittene und störungsfreie Grünlandkomplexe sind. Flächenverluste durch Grünlandumbruch, Versiegelung oder Windparks führen daher automatisch zu einem höheren Weidedruck auf den verbleibenden Flächen oder einer Entwertung des Rastgebietes. Um den Weidedruck zu begrenzen und so der Entstehung von Weideschäden vorzubeugen, entschied sich Niedersachsen ab dem Jahr 2000, den Landwirten Naturschutzverträge anzubieten, die das Ziel hatten, die Störungen im Gebiet zu reduzieren.

Konflikt ums Gras – Landwirtschaft und Gänse

Mit der Intensivierung des Wirtschaftsgrünlands in den 1980er Jahren begann auch der Siegeszug der Weißwangengans, die derzeit ausschließlich im Nordseeraum überwintert. Die energiereiche Nahrung verringerte die Wintersterblichkeit und erhöhte den Bruterfolg. Die Bestände wuchsen entsprechend an. Dies war erklärtes Ziel der Schutzmaßnahmen, denn die Populationen waren klein. Mit der Intensivierung der Landwirtschaft wuchs aber auch der Druck auf die Landwirte. Investitionen, Kredite, Butterberge, Milchseen, Regulationen, sinkende Erzeugerpreise, Skandale. Alles dies verursachte eine gnadenlose „wachse oder weiche“ Mentalität, durchaus politisch auch gewünscht und gefördert. Begann dies zunächst fast unbemerkt, wurde das bis heute andauernde „Höfesterben“ ab den 1990er Jahren sichtbar. Mittlerweile klagt ein hoher Anteil der Landwirte über den Druck, erkrankt an Burnout oder verzweifelt. In diese Phase einer stetig wachsenden Landwirtschaftskrise mit enormer sozialer Sprengkraft fiel in den 1990er Jahren die kontinuierliche Bestandszunahme von Bläss- (bis etwa 1995), Weißwangen- und Graugans (beide vermutlich derzeit noch andauernd). Wenn auch nicht ursächlich für die Probleme verantwortlich, entzündete sich gerade an den Gänsen an vielen Orten großer Streit. Landwirte klagten über Schäden durch die Gänse, diese wurden regional unterschiedlich behandelt. Zeitweilig konnten mit finanziellen Zahlungen die Konflikte begrenzt werden.

Projekte zum Gänsefraß?

Überwiegend wurden in Westeuropa Schäden durch Gänse nicht besonders intensiv untersucht. Viele Regierungen sahen in Ausgleichszahlungen gegebenenfalls auch probate Möglichkeiten, Schweigegelder oder Wahlkampfgeschenke zu verteilen und so wurde auf eine valide Erhebung selten besonderes Augenmerk gerichtet. Überwiegend basieren die Zahlen auf Schätzungen von Landwirtschaftsgutachtern oder Kommissionen. In nur wenigen Fällen wurde versucht, Ertragseinbußen tatsächlich zu messen. Dies geschah zuerst am Unteren Niederrhein, später auch in Ostfriesland. Hier wurde ein gemeinsames Projekt der Staatlichen Vogelschutzwarte und der Landwirtschaftskammer bereits 1996 bis 1998 durchgeführt. Auf mehreren Probeflächen

Im Winter besuchen Tausende von Weißwangengänse die deichnahen Weideflächen in Norddeutschland. Foto: H. Kruckenberg. Rheiderland, 19.3.2012.

wurden mit Käfigen Bereiche von der Gänseweide ausgenommen und der Biomasseertrag im Frühjahr mit beweideten Bereichen verglichen. Die Untersuchungen wurden 2008 und 2018 wiederholt. Am Ende einer zweijährigen Untersuchung stand fest: Beweidung durch Gänse kann zu Ertragsausfällen im Grünland führen. Diese können dort, wo die Gänse häufig in großer Zahl, und besonders dort, wo sie lange in das Frühjahr hinein fressen, erheblich sein. Es kommen durchaus 30 bis 50 % weniger Ertrag vor. Allerdings muss die Nutzungsintensität schon recht groß sein und daher wurden Ende der 1990er Jahre nur an wenigen Stellen wirkliche Schäden gefunden.

Das Weißwangengans-Dilemma

Für die größten Konflikte sorgen im Küstenbereich derzeit die Weißwangengänse. Wie die Ringelgänse gehören auch die Weißwangengänse zu den Meeresgänsen (Gattung *Branta*), die kurze Schnäbel haben, das Gras sehr kurz abfressen können und große Bindung an die Küstengebiete aufweisen. Früher konnte man sie nur in den Salzwiesen und direkt angrenzend im Binnenland beobachten. Mit wachsender Bestandszahl findet man sie zwar heute auch in den Unterläufen der Flüsse, aber die starke Bindung zu den Salzwiesen ist vor allem im Frühjahr weiterhin vorhanden. Kommen die Gänse im Herbst an, weiden sie zunächst in den Salzwiesen. Nimmt dort mit dem nahenden Winter die Nahrungsqualität ab, wechseln die Weißwangengänse ins Binnenland, wo andere Grasarten wachsen, die weiterhin Nahrung bieten. Im Frühjahr bietet sich das umgekehrte Bild: Der stark entwässerte Marschboden erwärmt sich schon im März recht stark und das Gras sprießt mit Macht. Die Gänse können aber nur die wenig verholzten Spreiten verdauen. Nur an ganz wenigen deichnahen und intensiv genutzten Stellen gelingt es den Gänsen noch, „ihre" Wiesen kurz zu halten, damit sie später die nachwachsenden Spitzen abfressen können. Zu langes Gras ist insbesondere für Weißwangengänse mit ihrem kurzen Schnabel nicht zu handhaben.

Glücklicherweise beginnt das Wachstum der Salzwiesenvegetation zeitlich verzögert, denn hier hält das Meerwasser den Boden kühler. So wechseln die Gänse Ende März in die Salzwiesen, wo das Andelgras zu sprie-

◀ Mit ihren kurzen Schnäbeln können Weißwangengänse die Grasnarbe sehr kurz abfressen.

Foto: S. Kruckenberg. Freiburg (Nordkehdingen), 17.5.2019.

▼ Wasserflächen machen das Grünland in Norddeutschland attraktiv. Hier können die Gänse trinken und baden.

Foto: H. Kruckenberg. Rheiderland, Leer, 7.3.2013.

ßen beginnt. Dann findet sich die proteinreiche Supernahrung außendeichs. Bis zum Abzug in die Brutgebiete bleiben die Gänse dann überwiegend in den Salzwiesen. Nur nach Störungen oder bei Überflutungen bei Springtide fliehen die Gänse noch ins Binnenland. So war es bis in die 1990er Jahre auch an der Nordsee. Doch seitdem hat sich einiges verändert. Traditionell flogen die Weißwangengänse Anfang April ab und rasteten auf Gotland, Öland und im Baltikum für weitere drei Wochen bevor es dann weiter zur Kanin-Halbinsel und ans Weiße Meer ging. Durch verschiedene Umstände (Etablierung neuer Brutplätze von Weißwangengänsen in der Ostseeregion, Zunahme des Seeadlers, Zusammenbruch und Umbau der Landwirtschaft im Baltikum) gaben die Weißwangengänse diese Zwischenrastplätze auf. Sie bleiben dafür vier Wochen länger im Wattenmeer und fliegen dann mit den zusätzlichen Reserven nonstop ans Weiße Meer oder direkt in ihre arktischen Brutgebiete. Diese zusätzlichen Wochen werden zum Problem mit der Landwirtschaft. Fraßen sie vorher „nur" die winterlich ungenutzten Grünflächen der Bauern ab, so sind Kühe und Schafe im April/Mai schon wieder auf der Weide. Die Gänse treten in der Wattenmeerregion nun also direkt in Konkurrenz zum Vieh der lokalen Bauern. In Zeiten niedriger Milchpreise und einem großen Verdrängungswettkampf in der Landwirtschaft entflammt daher an der Wattenmeerküste Streit über die Weißwangengans. Einerseits bangen viele Landwirte um ihre Existenz und fürchten die finanzielle Seite von Futterverlusten durch die Gänse. Andererseits hat jedes (Bundes-)Land an der Nordseeküste einen eigenen Umgang mit den Gänseschäden entwickelt. Dies reicht von üppigen Zuwendungen bis zu keinerlei Unterstützung. Die Lösung dieses Streits könnte allerdings recht einfach sein. Zunächst muss die Diskussion wieder auf eine faktenbasierte Weise geführt werden. Weniger die Gänse als die Landwirtschaftspolitik sind der eigentliche Auslöser für die Misere auf vielen Höfen. Vielleicht kann gerade deshalb die Politik einen Beitrag zur Lösung beitragen: Sie muss den Blick öffnen und sich vergegenwärtigen, dass die Gänse letztlich nur ein kleines Problem darstellen. Die weitaus drängenderen Probleme in unserer Landschaft sind dagegen das dramatische Aussterben vieler einheimischer Arten, der Klimawandel und der Wunsch nach mehr Tierschutz. Dies sollte unseren Blick auf das Grünland neu bestimmen.

Blässgänse werden in küstennahen Bereichen von den Weißwangengänsen verdrängt.

Foto: B. Volmer. Dümmer, 23.10.2011.

Grünland ist nicht gleich Grünland

Grünland ist nicht gleichartig. Und Gans ist nicht gleich Gans. Die Arten unterscheiden sich in der Schnabelmorphologie und somit dem Nutzungsanteil von Grünland. Kurzschnäblige Arten wie die Weißwangengans halten sich die Konkurrenz der Blässgans vom Leib, weil sie die Vegetation so kurz fressen, dass nur sie diese noch nutzen können. Häufige Besuche der gleichen Flächen sorgen bis weit in das Frühjahr dafür, dass dies auch so bleibt. Aber auch die Nahrungswahl ist unterschiedlich. Allein die Intensität der Bewirtschaftung variiert von extensivem Weideland mit wenigen Fleischrindern bis hin zum hochintensiven Grünland mit höchstmöglichen Düngegaben und bis zu sechs Mahden im Sommer. Gerade Letzteres hat zum großen Bestandswachstum der Weißwangengans maßgeblich beigetragen, während zum Beispiel Graugänse eher nasses und artenreiches Grünland in der Nähe von Seen und Flüssen bevorzugen. Auch die Blässgänse finden sich eher in den höher wachsenden, hochgedüngten Flächen. Ringelgänse bevorzugen nach wie vor die natürlichen und naturnahen Salzwiesen sowie Viehweiden in den Sommerpoldern der Inseln. Über die Förderung von der einen oder anderen Grünlandbewirtschaftungsweise lassen sich die Zahl und sogar die Gänseart „steuern". Angesichts der vielgestaltigen Anforderungen des Artenschutzes an das Grünland – der Schutz der gefährdeten Wiesenlimikolen steht hier sicherlich ganz vorn – ist eine großflächige Extensivierung notwendig. Auch aus Gründen des Klimaschutzes, der Grundwassersicherung und des Tierwohls werden wir an der Reduktion der intensiven Tierhaltung nicht vorbeikommen. Für die Wiesenvögel kann das eine Chance sein. Für die Gänse dürfte es unterschiedliche Auswirkungen haben: Die Weißwangengans profitiert am meisten von der agroindustriellen Milchviehhaltung mit ihren hohen Düngergaben. Das Bestandswachstum dürfte damit zum Erliegen kommen, die Art vielleicht sogar leicht abnehmen. Arten, die mehr auf artenreiches Grünland angewiesen sind – wie etwa die Zwerggans, die Ringelgans – hingegen werden sich stabilisieren, möglicherweise sogar wieder etwas zunehmen. Für alle Arten dürfte aber gelten, dass ein naturnäheres, mit Wasserflächen als Komfort- und Trinkgewässern durchsetztes Grünland gesünder ist und den natürlichen Bedürfnissen am ehesten entspricht.

Helmut Kruckenberg, Andrea Kölzsch

Dr. Helmut Kruckenberg ist freischaffender Vogelforscher und Fachjournalist. Seit den 1990er Jahren forscht er über verschiedene Vogelarten der norddeutschen Küsten und der Arktis. Schwerpunkt der Arbeit sind aber die Wildgänse, deren Biologie und Zugverhalten er seit Jahren erforscht.

Dr. Andrea Kölzsch ist wissenschaftliche Mitarbeiterin am Max-Planck-Institut für Verhaltensbiologie in Radolfzell. Sie untersucht mit Besenderung das wie, wann, wo und warum der ganzjährlichen Bewegungsmuster von Gänsen und anderen Zugvögeln und deren klimabedingte Änderungen.

Vielfältige Ursachen sind für den Rückgang von Uferschnepfe, Rotschenkel und Grünschenkel verantwortlich.
Foto: G. Lakmann. Steinhorster Becken, 7.2.2019

LEBENSRAUMGESTALTUNG UND MONITORING:

LIFE-Projekt zum Schutz der Wiesenvögel in Nordrhein-Westfalen

Wiesenvögel sind vielfältigen Gefahren ausgesetzt, die Bestände gehen deutlich zurück, der Bruterfolg reicht nicht für den Bestandserhalt der Arten. So sind in Nordrhein-Westfalen die Brutpaarzahlen der Uferschnepfe in den letzten zwanzig Jahren um 50 % gesunken. Die Ursachen für diesen Rückgang sind vielfältig, und beeinflussen die Populationsentwicklungen aller Wiesenvogelarten. In den Vogelschutzgebieten, Special Protected Areas (SPAs), aus dem Natura 2000-Netzwerk der Europäischen Union gilt ein Verschlechterungsverbot. Das LIFE Wiesenvögel NRW-Projekt hat es sich zum Ziel gesetzt, die Lebensräume der gefährdeten Wiesenvögel in Nordrhein-Westfalen nachhaltig zu verbessern. Verschiedene Maßnahmen werden umgesetzt, unter anderem Verbesserung des Wasserhaushaltes, Schaffung offener Lebensräume, Prädationsmanagement und Beratung landwirtschaftlicher Betriebe für eine wiesenvogelfreundliche Bewirtschaftung.

Das Projekt LIFE Wiesenvögel NRW mit einer Laufzeit von 2020 bis 2027 schützt seltene und gefährdete Brut- und Rastvogelarten in acht Vogelschutzgebieten in Nordrhein-Westfalen. Die Situation der Wiesenvögel Uferschnepfe, Brachvogel, Kiebitz und anderer Arten wird überwacht, dokumentiert und über das Monitoring die Entwicklung der Bestände genau beobachtet. Finanziert wird das LIFE-Projekt aus dem Fördertopf LIFE der EU-Kommission und aus Mitteln des Ministeriums für Umwelt, Landwirtschaft, Natur- und Verbraucherschutz NRW. Projektkoordinator ist das Landesamt für Natur, Umwelt und Verbraucherschutz. Projektpartner sind dabei die NABU-Naturschutzstation Niederrhein, das Naturschutzzentrum im Kreis Kleve, die Biologische Station im Kreis Wesel, die Biologische Station Zwillbrock, die Biologische Station im Kreis Steinfurt, die Biologische Station Soest (Arbeitsgemeinschaft Biologischer Umweltschutz), die Biologische Station Gütersloh-Bielefeld, die Biologische Station Kreis Paderborn-Senne, die Biologische Station Minden-Lübbecke, VerBund.V und Sovon Vogelonderzoek Nederland. Die Projektleitung hat die Vogelschutzwarte des Landesamtes für Natur, Umwelt und Verbraucherschutz NRW. Die Projektpartner betreuen unter anderem die acht über das Tiefland von Nordrhein-Westfalen verteilten EU-Vogelschutzgebiete (VSG), in denen das Projekt umgesetzt wird.

Der umgestaltete Maßnahmenraum Hellinghauser Mersch ist nun geprägt von Wasser.

Foto: L. Hauswirth. 18.5.2005.

Das Projekt sucht eine enge Vernetzung mit ähnlichen Projekten und Bemühungen in anderen Bundesländern und den Niederlanden, insbesondere mit dem integrierten LIFE-Projekt „LIFE IP GrassBird-Habitats“ in Niedersachsen.

Optimierung des Wasserhaushaltes

Zu den Hauptursachen der negativen Entwicklungen der Bestandszahlen gehört der Verlust oder die Entwertung von feuchten Grünlandflächen durch Trockenlegung und Entwässerung. Wiesenvögel brauchen wechselfeuchte Böden, Feuchtwiesen, deren Böden grundwasserbeeinflusst sind oder regelmäßig überflutet werden und die sommers auch austrocknen können.

Zur Optimierung des Bodenreliefs und des Wasserhaushalts werden auf über 15 km Binnengräben verfüllt oder zu flachen Senken umgestaltet, Grabenaufweitungen vorgenommen oder die Böschung mittels Wallkantenfräse abgeflacht. 75 Flachwassermulden und nasse Senken werden neu angelegt, 42 vorhandene

Im Zwillbrocker Venn werden Flächen wieder natürlicher Überschwemmungsdynamik ausgesetzt. Foto: S. Loftus. 6.7.2020.

Gewässer mit zu steilen Böschungen werden zu flachen Senken umgestaltet und 11 tiefere Kleingewässer mit dauerhafter Wasserführung neu angelegt. Drainagen werden auf insgesamt 150 ha aufgehoben, Entwässerungsgräben werden oberflächennah auf einer Gesamtlänge von 7600 m angestaut.

Im Projektgebiet Lippeaue wird die Lippeverwallung abgesenkt und ein gebietstypisches, 1000 m langes Flutrinnensystem angelegt, 35 ha erhalten so eine naturnahe Überschwemmungsdynamik zurück.

Eine deutlich verbesserte Wasserzufuhr wird auf rund 100 ha in fünf Teilgebieten über sechs Solarpumpen sowie die Zuführung von Wasser aus Fließgewässern oder Gräben (Nutzung des Wassers aus dem Einzugsgebiet) erreicht.

Entfernung störender Strukturen

Die Zerschneidung und Verkleinerung von offenen Landschaftsräumen ist als weiteres Problem erkannt, denn Wiesenlimikolen brauchen weite, offene Flächen. Die Ursachen für diese Entwicklung sind vielfältig und häufig anthropogen.

Auf Flächen, die nicht mehr beweidet werden, wachsen in der Regel entlang der verbliebenen, langsam zerfallenden Zaunreste Hochstaudenfluren und Sträucher. Derartige Strukturen kammern die Brutgebiete zu stark und sie werden von Prädatoren wie Fuchs und Marderarten genutzt. Deshalb sollen nicht mehr benötigte Zäune in einer Länge von 11 600 m abgebaut werden.

Insgesamt werden auf rund 145 000 m² Hochstaudenfluren, Gebüsche, Sträucher und Bäume entfernt bzw. zurückgeschnitten. Störende Infrastruktur, die nicht mehr in Gebrauch ist, wie alte Melkstände, verfallene Viehhütten, ungenutzte Pumpen, zugewachsene Wege usw., an denen sich Gebüsche und Hochstaudenfluren entwickeln und die Prädatoren als Unterschlupf oder Ansitzwarten dienen können, werden wo möglich entfernt.

Flächenerwerb

In vier Projektgebieten – den Vogelschutzgebieten Unterer Niederrhein, Bastauniederung, Hellwegbörde und Lippeaue – sollen insgesamt 127 ha Fläche erworben werden. Die Flächen gehen nach dem Erwerb im Rahmen des LIFE-Projektes Wiesenvögel NRW in das Eigentum des Landes Nordrhein-Westfalen über. Auf den erworbenen Flächen wird eine wiesenvogelgerechte, insektenfreundliche Bewirtschaftung eingeführt. Zudem können Maßnahmen zur Verbesserung des Wasserhaushalts in der Regel nur auf Flächen im öffentlichen Eigentum oder des Naturschutzes durchgeführt werden. Der Großteil der Flächen, auf denen Gestaltungsmaßnahmen stattfinden, befindet sich bereits im Eigentum der öffentlichen Hand bzw. von Naturschutzstiftungen.

Alte, nicht mehr genutzte Viehschuppen, wie hier im NSG Rabbruch und Osternheuland, werden entfernt.
Foto: G. Lakmann.

Betriebsberatung

Trotz erfolgreichem Fund eines geeigneten Brutplatzes sind Gelegeverluste sowie geringe Bruterfolge durch landwirtschaftliche Arbeiten auf intensiv genutzten landwirtschaftlichen Privatflächen ein herausragendes Problem für die Wiesenvögel. In den Vogelschutzgebieten sollen diese Verluste durch eine enge Zusammenarbeit mit den Landwirten verringert werden. Dazu gehören Absprachen über Mahdtermine und Viehauftrieb. Durch ein gutes Management der Mahdtermine wird den Vögeln ein Mosaik an Lebensräumen geboten.

Auch die Brutplätze von Kiebitzen, die inzwischen überwiegend auf Äckern brüten, müssen durch Absprachen geschützt und die Gelege von der Bearbeitung ausgespart werden. Die Suche nach Nestern und Küken wird im Projekt in den Vogelschutzgebieten Hellwegbörde, Unterer Niederrhein und Bastauniederung durch ein Ehrenamtsnetzwerk unterstützt, das neu aufgebaut wird. Die Gelegeschützer arbeiten mit der von der NABU-Naturschutzstation Münsterland entwickelten Nest-Finder-App. Die App-Entwicklung fand im Rahmen des Projekts „Sympathieträger Kiebitz“ im Bundesprogramm Biologische Vielfalt statt und ist mit dem Sonderpreis der Nordrhein-Westfalen-Stiftung 2019 ausgezeichnet worden. Sie ist für den speziellen Bedarf im Naturschutz und dem Anliegen der biologischen Vielfalt entwickelt worden: der Sicherung des Bestands von Kiebitzen in der Agrarlandschaft.

Im Rahmen des LIFE Wiesenvögel NRW-Projektes werden in den beteiligten Vogelschutzgebieten bis zu 150 Betriebe angesprochen, die Flächen innerhalb der Gebiete bewirtschaften. Gemeinsam mit den Biodiversitätsberatern der Landwirtschaftskammer werden die Betriebe beraten, was sie für den Wiesenvogelschutz auf ihren landwirtschaftlichen Flächen tun können. Es wird eine Sensibilisierung der Landnutzer für die Belange des Wiesenvogelschutzes angestrebt, um die Bereitschaft zum Abschluss von entsprechenden Vereinbarungen sowie die Akzeptanz von Schutzmaßnahmen und deren Berücksichtigung bei der Bewirtschaftung der Flächen zu verbessern. Die aufgrund der Beratung erfolgenden Maßnahmen werden zu einer Bewirtschaftung führen, die es insbesondere Kiebitz und Brachvogel erlauben, zu brüten und Junge erfolgreich aufzuziehen. Damit wird der Erhaltungszustand dieser Arten verbessert.

▲ Das Auffinden von Nestern ist nicht nur beim Kiebitz Voraussetzung für weitere Schutzmaßnahmen. Foto: S. Heese. NSG Hetter.

▶ Kiebitze brüten gerne auf nicht bestellten Ackerflächen. Die Gelege müssen geschützt werden. Foto: C. Härting. Kreis Soest, 3.4.2017.

Konzeptionelle Arbeiten

Im Rahmen des LIFE-Projektes werden zwei Themen aufgegriffen, die konzeptionell behandelt werden.

Zum einen wird der Frage nachgegangen, wie eine wiesenvogelgerechte Bewirtschaftung der Flächen insektenfreundlicher gestaltet werden kann. Hierbei geht es einerseits um eine Optimierung des Lebensraums für Wiesenvögel. Die Verfügbarkeit von Insekten und anderen Wirbellosen zur Nahrungsaufnahme hat für die Zielarten des Projektes eine Schlüsselrolle inne. Wirbellose stellen die Hauptnahrung für adulte Wiesenvögel, ihre Küken sowie für viele Rastvögel dar. Andererseits haben Insekten gesamtökologisch gesehen eine hohe Bedeutung. Der EU-weite massive Rückgang von Wirbellosen in den vergangenen dreißig Jahren stellt auch den Wiesenvogelschutz vor eine besondere Herausforderung. Ansätze wie der Einsatz insektenfreundlicher Maschinen bei der Mahd, Festlegung einer Mindestmahdhöhe, Heuwerbung statt Silageproduktion, Staffelung von Mahdzeitpunkten, verstärkte Nachbeweidung statt einer zweimaligen Mahd, vorübergehender Erhalt von Altgrasbeständen als Rückzugsräume für Insekten, Schaffung eines Mosaiks von Wiesen und Weiden, verstärkte Beweidung der Flächen, Beweidung mit Tieren, die nicht routinemäßig mit Medikamenten behandelt werden, werden verfolgt sowie Ergebnisse aus Projekten recherchiert und zusammengetragen.

Zum anderen sollen alternative Verwertungsformen für landwirtschaftlich nicht nutzbares Schnittgut und von Gehölzschnitt erarbeitet werden. Auf extensiv genutzten Wiesen mit einem wiesenvogelgerechten Wasserhaushalt kann in Einzeljahren mit hohen Niederschlägen kein Heu oder Silage gewonnen werden. Das hierdurch entstandene Altgras lässt sich nicht mehr landwirtschaftlich verwerten. Bei einem hohen Anteil von aus landwirtschaftlicher Sicht „Problempflanzen" wie Flatterbinse, aber auch Heu mit giftigen Pflanzen wie Sumpfschachtelhalm oder Kreuzkräuter kann Schnittgut ebenfalls nicht landwirtschaftlich verwertet werden. Weiterhin ist auf sehr spät genutzten Flächen der Futtergrasanteil sehr gering. Um diese Flächen weiterhin in der Bewirtschaftung zu halten, sollen den Landwirten alternative Verwertungsmöglichkeiten aufgezeigt werden. Auch die Verwertung von Gehölzschnitt stellt teilweise ein Problem dar. Oft wird es entweder auf der Fläche verbrannt oder teuer entsorgt. Im Rahmen von Workshops werden bereits laufende Projekte beleuchtet, die alternative Verwertungsstränge erprobt haben.

Zu beiden Fragestellungen werden Handlungsleitfäden erarbeitet, die später auf der Projektwebsite als Download allgemein zur Verfügung gestellt werden. In den Vogelschutzgebieten wirtschaftenden Landwirten werden die Ergebnisse vorgestellt und nahegebracht. Teilweise sollen die Erkenntnisse soweit möglich in die Verpachtungsauflagen öffentlicher Flächen sowie in die Überarbeitung des Vertragsnaturschutzes auf Privatflächen einfließen.

Störungsreduzierung und Öffentlichkeitsarbeit

Wiesenvögel sind sehr störungsempfindlich. Als Bodenbrüter sind sie weitaus mehr Gefahren ausgesetzt als Baumbrüter. Störungen können durch zahlreiche Faktoren entstehen, die Auswirkungen reichen von einem kurzen Aufschauen der Tiere bis zur Aufgabe der Brut. Gewöhnung an Störungen sind in einem gewissen Rahmen möglich, wenn diese in ausreichender Entfernung passieren, zum Beispiel mäßiger Straßenlärm.

Große Störungen sind ein leider häufiges Problem, die bereits während der Brutplatzsuche dafür verantwortlich sein können, dass die Tiere den Ort verlassen.

Aus gutem Grund werden zum Beispiel bestimme Wege während der Brutzeit gesperrt. Die Vögel werden durch Spaziergänger oft erheblich gestört – und das häufig, ohne dass die Menschen ihr Störverhalten bemerken. Freilaufende Hunde sind bekanntermaßen ein sehr großes Problem – auch sehr oft unbemerkt von deren Haltern. Störungen verursachen erheblichen Stress bei den brütenden Vögeln. Infolge der Störung verlassen Elterntiere das Nest, Eier oder versteckte Küken kühlen so oft über längere Zeiträume aus. Auch prädierte Nester, zerstörte Eier und verletzte oder tote Küken können das Ergebnis sein. Als Rastvögel, werden sie aufgescheucht, verlieren wertvolle Energiereserven, die sie für den Zug benötigen. Oder sie haben nicht ausreichend Zeit, ihre Energiereserven wiederaufzufüllen.

Im Rahmen des Projektes sollen Störungen von Wiesenvögeln deshalb reduziert werden. Dies erfolgt durch Sperrung oder Umlegung von Wegen, Verschließen von Zugängen und über eine Aufklärung der Gebietsbesucher. Gleichzeitig werden über die Anlage einer geeigneten Infrastruktur den Besuchern neue Möglichkeiten des Naturerlebens geschaffen.

Überhaupt spielt die Öffentlichkeitsarbeit eine große Rolle im Projekt. Eine Vielzahl von Informationsangeboten soll die Bevölkerung vor Ort und darüber hinaus durch informative Faltblätter, Beschilderung, digitale Angebote wie die Webseite mit weitergehenden Informationen und Filmen, Veranstaltungen, Schulerlebnistage, Exkursionen unter anderem „mitnehmen".

Prädationsmanagement

Ziel des Projektes ist eine Stabilisierung und Stärkung der Bestände der Wiesenvögel. Dies kann nur gelingen, wenn dort, wo die Lebensraumentwicklungen durchgeführt wurden, auch der Bruterfolg ausreichend hoch ist. Daher ist auch das Prädationsmanagement ein wichtiger Teil des Projektes. Ist der Prädationsdruck auf Bodenbrüter sehr hoch, kann bereits die Brutplatzsuche scheitern. Nach erfolgreicher Eiablage werden viele Eier überwiegend durch nachtaktive Prädatoren wie den Fuchs gefressen, gleiches gilt für Küken nach dem Schlupf.

Im Projekt wurde ein Berufsjäger angestellt, der für 26 Maßnahmenräume in den acht beteiligten Vogelschutzgebieten Prädationsmanagement-Konzepte zusammen mit den Projektpartnern und den Revierjägern erstellt.

Das Prädationsmanagement beinhaltet ein Monitoring der Prädation und der Prädatoren sowie ein aktives und passives Prädatorenmanagement. In der Brutsaison werden an ausgewählten Nestern Wildkameras angebracht; so werden einerseits Brut- und Schlupferfolg dokumentiert, andererseits werden die Arten erfasst, die für Gelegeverluste verantwortlich sind. In allen Gebieten sind außerdem hochwertige no-glow-Kameras, die nachts mit einem nicht sichtbaren Blitz arbeiten, an Stellen angebracht, an denen ein häufiger Wildwechsel stattfindet. Vor allem nachtaktive Tiere werden sonst eher selten korrekt in einem Gebiet ermittelt. Ergänzend soll nachts mithilfe von Wärmebildkameras eine direkte Zählung von Prädatoren erfolgen.

So erfassen die Projektpartner die Prädatoren, die tatsächlich für Brutverluste verantwortlich sind, und können zusammen mit dem Berufsjäger anhand der Ergebnisse der Wildkameras im Rahmen des aktiven Managements Standorte für Lebendfallen ausfindig machen. Die Betreuung der Lebendfallen und das Töten der Fänge wird durch die lokalen Jäger durchgeführt, nachdem sie einen Lehrgang zur Arbeit mit Lebendfallen absolviert haben.

Beim passiven Management werden Brutplätze, einzelne Nester, aber auch größere Flächen, in denen mehrere Vögel brüten, mit mobilen Elektrozäunen eingezäunt. In Wiesenvogelschutzgebieten ist dieser direkte Schutz von Gelegen und Küken durch Ausschluss von größeren Bodenprädatoren wie Fuchs und Waschbär deutschlandweit erprobt und mittlerweile eine akzeptierte „Notmaßnahme", um den Bruterfolg in ein für den Bestandserhalt notwendiges Maß zu bringen. Da sich die Hauptvorkommen der Wiesenvögel in Nordrhein-Westfalen mittlerweile auf wenige Räume mit guten Lebensraumbedingungen konzentrieren, kann in einigen Gebieten über den Einsatz mobiler Elektrozäune auf verhältnismäßig kleiner Fläche ein bedeutender Anteil der Brutpopulation geschützt werden. 2021 wurden insgesamt dreizehn Flächen mit 85,7 ha und 11 283 m Umfang eingezäunt. Es wurden sowohl einzelne Gelege – mit dementsprechend kleiner Fläche – als auch größere Flächen mit mehreren Gelegen eingezäunt. Durch die Zäunung werden Prädatoren wie Füchse, Waschbären und teilweise auch Marderartige, natürlich aber nicht fliegende Prädatoren, von den Gelegen ferngehalten. In diesem Jahr lag der Schlupferfolg in den eingezäunten Flächen deutlich höher als außerhalb, teilweise bei 90 %. Ein Beispiel für den Brachvogel und den Kiebitz zeigt das Naturschutzgebiet Ahsewiesen

Der Brachvogel ist eine der Zielarten im LIFE Wiesenvögel NRW Projekt. Foto: B. Beckers. 31.5.2014.

Blühende Wiesen wie hier im Naturschutzgebiet „Hetter – Millinger Bruch“ entstehen durch entsprechende Bewirtschaftung. Foto: K. Plumbaum. 28.5.2020.

im Vogelschutzgebiet Lippeaue mit Ahsewiesen, in dem rund 30 ha in zwei Teilflächen eingezäunt wurden. Beim Brachvogel konnten hierüber 5 der 12 Reviere (42 %) geschützt werden, der Schlupferfolg betrug 55 % und es wurden insgesamt 13 Jungvögel flügge (1,1 pro BP). Beim Kiebitz konnten über die Zäune 20 der insgesamt 27 Brutpaare geschützt werden (74 %), der Schlupferfolg betrug 85 % und es wurden insgesamt 43 Junge flügge (1,6 pro BP). Diese hohen Werte wurden in den Jahren ohne Zäunung bei Weitem nicht erreicht. Die Ergebnisse zeigen, dass die Hauptprädation durch die größeren Bodenprädatoren Fuchs und gegebenenfalls Waschbär erfolgen, die Prädation durch Vögel ist gering. Bei kolonieartigem Brüten können Vögel als Prädatoren gut abgewehrt werden.

Monitoring

Im Rahmen des Projektes soll Grünland in mehreren Teilgebieten von Vogelschutzgebieten im Tiefland von Nordrhein-Westfalen ökologisch und wiesenvogelgerecht aufgewertet werden, um eine Verbesserung des Erhaltungszustands der grünlandgebundenen Brut- und Rastvögel zu erreichen. Das Erreichen der Projektziele insgesamt ist abhängig von zahlreichen Faktoren. Dazu gehören die Umsetzung aller Maßnahmen – beispielsweise zur Optimierung des Wasserhaushaltes, der Entfernung störender Strukturen in den Gebieten – und der damit erreichten Verbesserung der Ökosystemfunktionen. Durch eine Drohnenbefliegung aller Maßnahmenräume zu Beginn und am Ende des Projektes werden die strukturellen Veränderungen dokumentiert und können anhand der georeferenzierten Bilder ausgewertet werden. Es werden jährlich die Anzahl der brütenden Zielarten, die Schlupfraten und das Überleben der Küken sowie der Einfluss der Prädatoren ermittelt. Rastende Wat- und Wasservögel werden in den ersten beiden Jahren sowie in den Jahren 2025 und 2026 in den Monaten Februar bis Mai sowie August bis September alle vierzehn Tage erfasst.

Ausblick

Wesentlich für das Gelingen des Projektes ist die Zusammenarbeit des Projektträgers und der Projektpartner mit den wesentlichen Akteuren in den Wiesenvogelgebieten: Naturschutz-, Wasser-, Landwirtschafts- und Forstbehörden, Landwirte, Jäger und die Bevölkerung vor Ort. Es ist zu hoffen, dass die vielfältigen Projektmaßnahmen zu einer Stabilisierung und Zunahme der Bestände der Brut- und Rastvögel im Tiefland von Nordrhein-Westfalen sowie zu einer Ausdehnung der Brutareale führen, als ein Beitrag zur Umsetzung der EU-Vogelschutzrichtlinie und der Biodiversitätsstrategien der EU, von Deutschland und Nordrhein-Westfalen.

Ina Brüning, Birgit Beckers, Susanne Klostermann

Literatur zum Thema

Barkow A 2014: Zukunftsperspektive für die Uferschnepfe *Limosa limosa* in der Hetter: Flächenerwerb als Voraussetzung für Grünland- und Wassermanagement zur Bestandsstabilisierung. Vogelwelt 135: 3–17.

Beckers B, Barkow A, Frede M, Herkenrath P, Ikemeyer D, Jöbges M M, Sudmann S R, Tüllinghoff R 2018: 40 Jahre Wiesenvogelschutz in Nordrhein-Westfalen: Entwicklung der Brutbestände von Großem Brachvogel *Numenius arquata*, Uferschnepfe *Limosa limosa*, Rotschenkel *Tringa totanus* und Bekassine *Gallinago gallinago*. Vogelwelt 138: 3–15.

Beckers B, Ikemeyer D, Tüllinghoff, Herkenrath P, Tüllinghoff R 2021: Feuchtwiesenschutzgebiete: Zustand in Nordrhein-Westfalen. Eine Effizienzkontrolle aus den Jahren 2016 bis 2018. Natur in NRW 1: 10–15.

Hötker H, Teunissen W 2006: Bestandsentwicklung von Wiesenvögeln in Deutschland und in den Niederlanden, Osnabrücker Naturwissenschaftliche Mitteilungen Band 32, 93–98.

Hötker H, Jeromin H, Melter J 2007: Entwicklung der Brutbestände der Wiesen-Limikolen in Deutschland – Ergebnisse eines neuen Ansatzes im Monitoring mittelhäufiger Brutvogelarten. Vogelwelt, 128, 2/2007.

www.life-wiesenvoegel.nrw.de

https://ffh-arten.naturschutzinformationen.nrw.de/ffh-arten/de/start

www.nabu-naturschutzstation-muensterland.de/artenschutz/kiebitz/nestfinder-app

www.bfn.de/themen/natura-2000/berichte-monitoring/nationaler-vogelschutzbericht/berichtsdaten.html

https://ec.europa.eu/environment/nature/conservation/species/pollinators/index_en.htm

Wir danken der EU-Kommission und dem Ministerium für Umwelt, Landwirtschaft, Natur- und Verbraucherschutz NRW für die großzügige Förderung des Projektes.

Ina Brüning ist Projektleiterin von LIFE Wiesenvögel NRW und arbeitet am Landesamt für Natur-, Umwelt und Verbraucherschutz NRW.

Birgit Beckers ist regionale Projektleiterin von LIFE Wiesenvögel NRW und Geschäftsführerin der Arbeitsgemeinschaft Biologischer Umweltschutz Soest.

Susanne Klostermann ist Vorstandsmitglied und Teamleitung Gebietsentwicklung bei der NABU-Naturschutzstation Niederrhein.

Effektiver Wiesenvogelschutz, zum Beispiel für die vom Aussterben bedrohten Uferschnepfen, i nur mit viel Aufwand möglich. Flächenankauf u eine intensive Vor-Ort-Betreuung sind Schlüsse zum Erfolg. Foto: B. Volmer. Dümmer, 10.5.2

GROSSFLÄCHIGE WIEDERVERNÄSSUNG UND INTENSIVE VOR-ORT-BETREUUNG:

Wiesenvogelschutz mit LIFE-Förderung in Niedersachsen

Niedersachsen ist Wiesenvogelland. Hier brüten die Wiesenvogelarten Uferschnepfe, Kiebitz, Brachvogel, Bekassine und Rotschenkel im Vergleich zum Flächenanteil des Bundeslandes in Deutschland in überproportional hoher Anzahl. In der Roten Liste der gefährdeten Vögel Niedersachsens und Deutschlands sind sie in den Kategorien gefährdet, stark gefährdet und vom Aussterben bedroht verzeichnet. Um der Verantwortung für den Schutz und Erhalt von Wiesenvögeln gerecht zu werden, engagiert sich das Land Niedersachsen unter anderem mit EU-Förderprojekten wie „LIFE-Wiesenvögel" (LIFE10NAT/DE/000011) und „LIFE IP GrassBirdHabitats" (LIFE19 IPE/DE/000004) für den Schutz und die Wiederherstellung wichtiger Brutgebiete.

Das Luftbild von der Unterelbe zeigt großflächig vernässtes Grünland. Grundlage hierfür war die Schaffung zusammenhängender Areale in öffentlichem Besitz. Foto: J. Ludwig. 31.3.2017.

Im Oktober 2020 startete ein integriertes LIFE-Projekt, das den Rückgang von Wiesenvögeln stoppen soll. Das „LIFE IP GrassBirdHabitats“ ist international angelegt und hat unter anderem zum Ziel, nationale und internationale Strategien zum Schutz von Wiesenvögeln und ihren Lebensräumen in der Atlantischen Region entlang des Ostatlantischen Zugweges zu entwickeln.

Über das Projekt „LIFE Wiesenvögel“ konnten seit 2010 in wichtigen Wiesenvogelschutzgebieten Niedersachsens Flächen von zentraler Bedeutung gesichert und Maßnahmen zur Vernässung von Wiesen und Weiden umgesetzt werden. Die Projektfläche von insgesamt 80 000 ha beherbergte zu Beginn des Projektes etwa 50 % des niedersächsischen Bestandes an Wachtelkönigen und etwa zwei Drittel der Brutpopulation der Uferschnepfe. Beide Arten waren als Zielarten des Projektes ausgewählt. Dabei kommt der Uferschnepfe als Schirmart eine zentrale Bedeutung im Wiesenvogelschutz zu: Von der Wiederherstellung ihrer Lebensräume profitiert die gesamte Lebensgemeinschaft der Wiesenvögel.

Flächenerwerb als Schlüssel zum Erfolg

Für die Wiederherstellung von Feuchtwiesen als Lebensraum für Wiesenlimikolen ist die Anhebung der Wasserstände von zentraler Bedeutung. Hierbei können Wiesen und Weiden im Winter sogar zeitweise vollständig unter Wasser stehen. Im Frühjahr sollten die Flächen dann nur langsam abtrocknen und möglichst lange bodenfeucht bleiben. Das schafft naturnahe, abwechslungsreiche Habitatstrukturen, ein dynamisches Relief mit punktuell offenen und schütter bewachsenen Bodenstellen und eine arten- und strukturreiche Vegetation. Das bietet die Basis für ein reichhaltiges Nahrungsangebot für die erfolgreiche Aufzucht der Küken. Dauerhafte Vernässung lässt sich aber weder über Vertragsnaturschutz noch über sonstige Anreize, wie eine zusätzliche Förderung, erreichen. Der Schlüssel zum Erfolg liegt im Erwerb der Flächen durch die öffentliche Hand. Nur so kann eine Wasserhaltung etabliert werden, die an den Ansprüchen der Wiesenvögel ausgerichtet ist.

Durch den Erwerb von Flächen in der Größenordnung von rund 900 ha in den LIFE-Wiesenvögel-Projektgebieten konnten Flächen umfangreich arrondiert werden und damit nun die Optimierung von Wiesenvogelbrutgebieten mit einer Gesamtgröße von über 2300 ha ermöglichen.

Wiesenvögel brauchen nasse Wiesen

Am Dümmer konnten schon durch vorangegangene LIFE-Projekte 2500 ha wiedervernässt werden. Auf die dortigen Erfolge und Erfahrung wird man in den nachfolgenden LIFE-Projekten aufbauen.

Zwar wurde die Grundlage für die Wiederherstellung von nassen Grünlandgebieten durch Ankauf der Flächen geschaffen. Eine Veränderung der hydraulischen und hydrologischen Verhältnisse mit dem Ziel der Wiedervernässung erfordert zudem in der Regel ein entsprechendes Genehmigungsverfahren. Das Vorhaben muss mit Flächennachbarn, Bewirtschaftern,

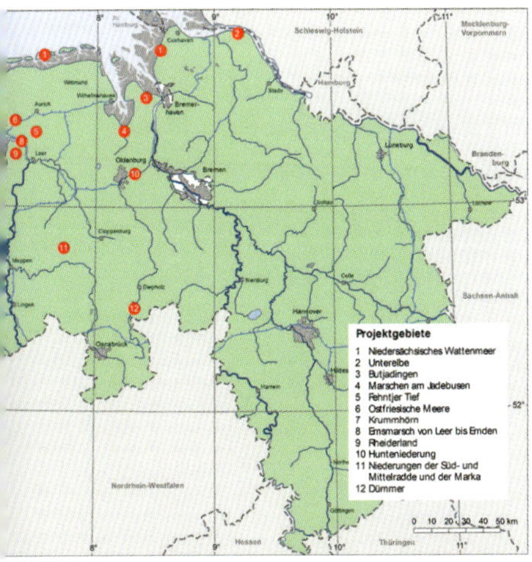

Lage der zwölf Projektgebiete des Projektes „LIFE Wiesenvögel“ in Niedersachsen (Laufzeit 2011–2022) mit einer Gesamtfläche von 80 000 ha.

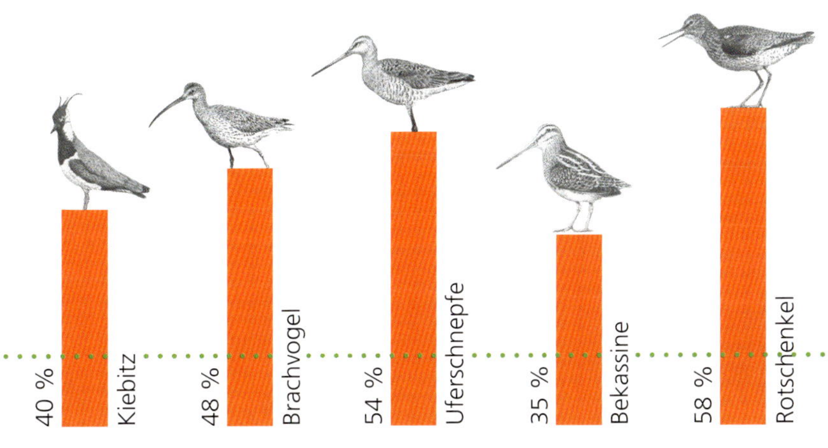

Bestandsanteile des niedersächsischen Brutbestandes (Bezugsjahr 2014) ausgewählter Wiesenvögel am deutschen Gesamtbestand (Bezugsjahr 2016). Gestrichelte Linie = Flächenanteil Niedersachsens (13,3 %) an Deutschland. Quellen: Rote Liste Niedersachsen 2015, Rote Liste Deutschland 2020.

Das Windrad pumpt Wasser in das Grabensystem der Wiesen an der Unterelbe.
Foto: J. Ludwig. VSG „Unterelbe", 10.8.2021.

zuständigen Behörden und Verbänden in der Planungsphase und im Rahmen der erforderlichen Genehmigungsverfahren abgestimmt werden.

Welche Technik zur Optimierung des Wasserhaushalts erforderlich ist, hängt vom Standort ab. Der Wasserhaushalt in Grünlandniederungen auf Niedermoorböden funktioniert anders als im Grünland der Kleimarschen oder im Deichvorland. Entsprechend wurden im Rahmen des LIFE-Projektes vom einfachen Grabenverschluss bis hin zum regelbaren Stauwehr sehr unterschiedliche Stausysteme in den Projektgebieten eingebaut. Für Systeme, die einer Zu- und Entwässerung bedürfen, wurde eine alte, energieneutrale Technik neu interpretiert: In vier Projektgebieten wird der Wasserstand für Naturschutzzwecke über Windwasserpumpen gesteuert.

Auch auf der ostfriesischen Insel Borkum im Nationalpark und Vogelschutzgebiet „Niedersächsisches Wattenmeer" wurden Naturschutzmaßnahmen durch LIFE finanziert. Die Weiden rund um den Tüskendörsee auf Borkum zählen zu den bedeutenden Brutgebieten für Wiesenvögel in Niedersachsen. Deshalb ist das 280 ha große Gebiet im Inselosten Teil des EU-LIFE-Projektes „Wiesenvögel" geworden. Das Projektgebiet bot beste Voraussetzungen für erfolgreiche Naturschutzmaßnahmen: Die Wiesenvogelflächen befinden sich im Eigentum der öffentlichen Hand und die Beweidung erfolgte schon seit langem im Sinne der geschützten Tier- und Pflanzenarten. Trotzdem blieben die Bestände der Wiesenlimikolen zu Beginn des Projekts auf niedrigem Niveau. Neben hohen Gelegeverlusten durch den Igel wurde auch das im Frühjahr zeitig trockenfallende Grünland als Hauptproblem ausgemacht. Eine wesentliche Maßnahme im Gebiet war daher die Wasserrückhaltung im Grünland rund um den Tüskendörsee. In Gräben und Wasserzügen wurden 2016 mehrere Einstaubauwerke eingelassen. Seitdem wird der Wasserstand durch die Nationalpark-Ranger vor Ort gesteuert und so eine für die Vogelwelt optimale Bodenfeuchte erreicht.

Maßnahmen zur Reduktion von Prädation

Neben einer angepassten Bewirtschaftung und Offenhaltung der Flächen sowie einer für Wiesenvögel optimierten Wasserdynamik ist das Prädatorenmanagement ein weiterer und oftmals unverzichtbarer Faktor im Wiesenvogelschutz in der Kulturlandschaft geworden. Die Anteile der Verluste an Gelegen und Küken durch Säugetiere und Vögel schwankt von Jahr zu Jahr. In einer Untersuchung von 2008 bis 2016 am Dümmer wurde festgestellt, dass von 243 Küken dreiviertel Beute von Raubsäugern wurden. Darunter waren hauptsächlich Marderartige (unter anderem Hermeline und Iltisse) sowie Rotfüchse. Unter dem Einfluss hoher Prädationsraten konnten die Brutbestände der Wiesenlimikolen im letzten Jahrzehnt nur in einzelnen Jahren Bruterfolge erzielen, die ausreichen, um rechnerisch die Sterblichkeit des lokalen Bestandes auszugleichen und zu einem Bestandserhalt oder Bestandsanstieg beizutragen. Am Dümmer wurde das Prädatorenmanagement in der Folge intensiviert. Inzwischen ist der Bruterfolg von Uferschnepfe, Brachvogel, Rotschenkel und Bekassine im Mittel der Jahre ausreichend für eine ansteigende Lokalpopulation. Mit einem effizienten Prädatorenmanagement wird auch an der Unterelbe die Überlebenswahrscheinlichkeit der Gelege und Küken erhöht und somit die Basis für eine stabile oder sogar zunehmende Population gelegt.

Auf Borkum, Norderney und Langeoog wurden Igel als gebietsfremde Art eingeschleppt. In Untersuchungen wurden in Vogelkolonien auf diesen Inseln bis zu

Stauanlage mit Durchlass auf Borkum am Tüskendörsee. Foto: S. Keller/NLPV. 17.4.2018.

Ein Rotfuchs beobachtet einen Brachvogel im EU-Vogelschutzgebiet „Hunteniederung“ bei Oldenburg.
Foto: V. Moritz. 29.3.2008.

90 % der Gelegeverluste bei bodenbrütenden Vogelarten unter anderem durch Igel nachgewiesen. Betroffen waren dabei auch viele gefährdete Wiesenlimikolen wie die Uferschnepfen. Im Rahmen des Projektes wurden Suchhunde auf den Inseln eingesetzt, die Igel aufspüren konnten. So ist es gelungen, deren Zahl auf den Inseln deutlich zu reduzieren. Die Igel wurden später in geeigneten Lebensräumen auf dem Festland freigelassen. Dort wo diese Maßnahmen umgesetzt wurden, konnten keine Gelegeverluste durch Igel mehr nachgewiesen werden.

Aber auch verwilderte Katzen, Frettchen, Rotfüchse und Wanderratten stellen ein Problem dar und wurden auf den Inseln als Gelege- und teilweise auch als Kükenprädatoren nachgewiesen. Bis auf den Rotfuchs sind alle genannten Beutegreifer durch den Menschen auf die eigentlich raubsäugerfreien Inseln eingeschleppt worden. Eine ähnliche Problemlage gibt es auch am Festland. Denn neben den natürlich in Mitteleuropa vorkommenden Beutegreifern kamen in den letzten Jahren eingewanderte oder ausgesetzte gebietsfremde Arten hinzu. Neozoen wie beispielsweise Mink, Marderhund und Waschbär stören das durch den Menschen oft schon ins Ungleichgewicht gebrachte Räuber-Beute-Gefüge zusätzlich. Die vollständige Entfernung dieser Arten erscheint jedoch unrealistisch. In Schutzgebieten sollten gebietsfremde Arten jedoch zum Schutz der wertgebenden Zielarten eingedämmt werden.

Entwicklung der Brutbestände

Während der landesweite Rückgang unvermindert anhält, konnte er in vielen LIFE-Wiesenvögel-Projektgebieten gestoppt werden. Deutliche Erfolge wurden dort erzielt, wo sich Maßnahmen großflächig umsetzen ließen.

Auf den vernässten Flächen im EU-Vogelschutzgebiet „Dümmer“ hat sich der Brutbestand der Uferschnepfe von rund 100 auf über 200 Brutpaare innerhalb von zehn Jahren verdoppelt (siehe Beitrag S. 46). Vor dem Beginn der Wiedervernässungen war der Bestand auf 50 Brutpaare im Jahr 2000 geschrumpft. Neben der positiven Bestandsentwicklung der Uferschnepfe verzeichnen am Dümmer auch die Brutbestände von Kiebitz, Rotschenkel, Bekassine und Brachvogel einen stetigen Zuwachs, die Bestände haben sich verdoppelt, verdreifacht oder versiebenfacht. Mit Beginn der Wiedervernässung haben im Zeitraum 2000 bis 2020 zwölf ehemals verschwundene Brutvogelarten der Feuchtwiesen das Gebiet wiederbesiedelt, darunter Löffelente, Knäkente, Tüpfelralle, Wachtelkönig, Kampfläufer, Rotschenkel und Sumpfohreule. Im Rheiderland wurde ein Bestandszuwachs von 25 % festgestellt. Maßnahmen zur Vernässung zeigten auch im EU-Vogelschutzgebiet „Hunteniederung“ positive Auswirkungen. Mit dem Bau eines Stauwehrs zur Steuerung der Wasserstände konnte im Projektgebiet Bornhorster Huntewiesen, einem Teil des V11 „Hunteniederung“, der Brutbestand der Uferschnepfe erhöht werden. Von großer Bedeutung ist, dass hier der Bruterfolg zwischen 2016 bis 2021 mit durchschnittlich 0,83 flüggen Jungvögeln pro Brutpaar sehr hoch ist. Das bedeutet, dass jedes der 16 Brutpaare (Stand 2021) etwa einen flüggen Jungvogel in der Brutsaison großgezogen hat. Uferschnepfen, wie auch andere Watvogelarten, können relativ alt werden. Daher reicht ein Jungvogel je Brutsaison für den Bestanderhalt aus. Rein rechnerisch liegt der Wert, der für einen langfristigen Populationserhalt der Uferschnepfe ausreicht, bei 0,5 bis 0,7 Jungvögeln/Brutpaar. Ein hoher Bruterfolg ist die wichtigste Voraussetzung für den langfristigen Erhalt der lokalen Brutpopulation und die Etablierung einer „Quellpopulation“. In Quellpopulationen werden mehr Jungvögel flügge, als für den Erhalt der lokalen Population erforderlich sind.

Im Vogelschutzgebiet „Unterelbe“ wurden im Rahmen von LIFE 17 windgetriebene Kleinschöpfwerke installiert. Die mit dieser Zuwässerungstechnik auch zur Brutzeit feucht gehaltenen Grünlandflächen sind zu dicht besiedelten „Brutzentren“ innerhalb des über 26 000 ha großen Schutzgebietes geworden. Mit 220 Brutpaaren der Uferschnepfe siedelte 2019 an der Unterelbe der größte lokale Brutbestand

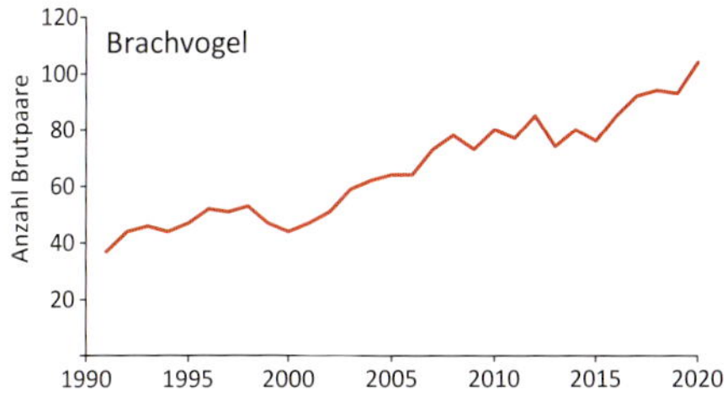

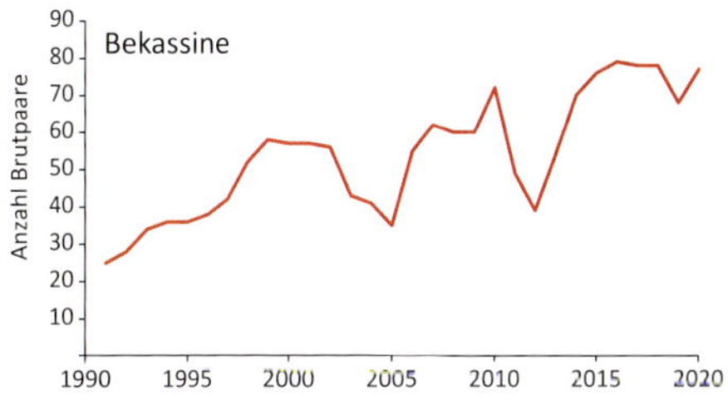

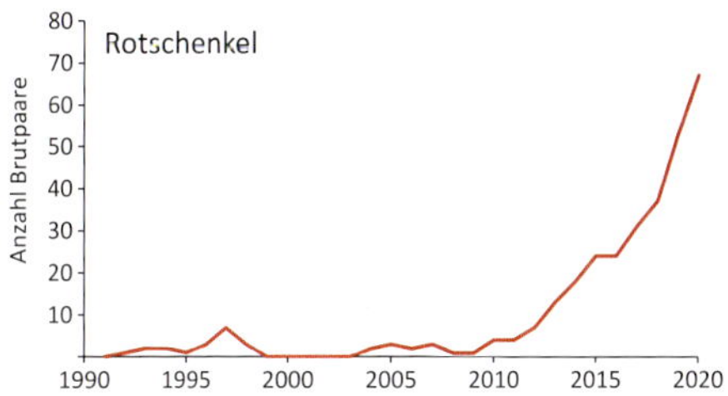

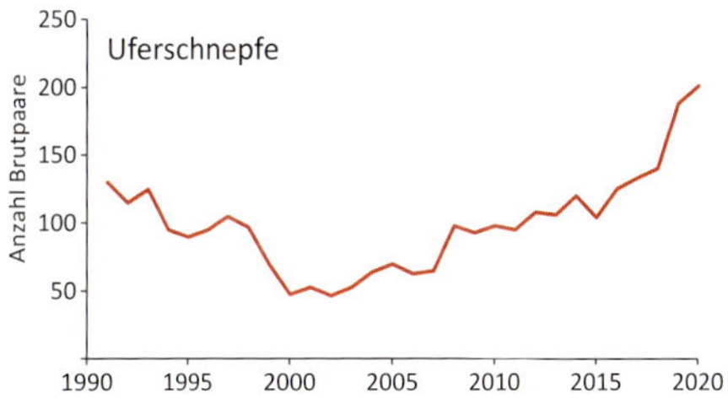

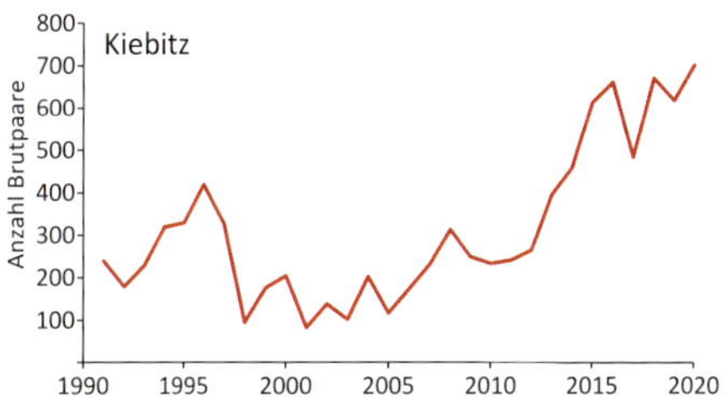

Bestandsentwicklung ausgewählter Wiesenvögel im EU-Vogelschutzgebiet Dümmer.
Quelle: NLWKN Naturschutzstation Dümmer und Naturschutzring Dümmer e.V.

dieser Art in Deutschland. Der Bruterfolg der Uferschnepfe konnte im Projektverlauf an der Unterelbe auf bis zu 1,4 flügge Jungvögel/Brutpaar gesteigert werden. Im Durchschnitt wurden zwischen 2013 und 2021 0,7 Jungvögel je Brutpaar flügge. Damit könnte über das LIFE-Projekt auch hier schon bald eine Quellpopulation der Uferschnepfe mit wieder ansteigendem Brutbestand entwickelt werden. Neben der Uferschnepfe weisen unter anderem auch die Brutbestände von Kiebitz (1731 Bp), Rotschenkel (503 Bp), Bekassine (28 Bp) und Wachtelkönig (33 Reviere) an der Unterelbe landesweit sehr bedeutende Bestände auf.

Auf der Insel Borkum waren die Gesamtbestände der Uferschnepfe von 2012 bis 2017 mehr oder weniger stabil. Seit 2018 hat der Brutbestand der Uferschnepfe im Bereich der vernässten und gemanagten Flächen am Tüskendörsee deutlich zugenommen und 2020 mit 38 Brutpaaren auf dieser Teilfläche ein neues Maximum erreicht. Diese Entwicklung ist vor dem Hintergrund der witterungsbedingten Trockenheit 2020 besonders bemerkenswert.

Rotschenkel gehören zu den seltenen Brutvögeln des Binnenlandes. Nur in Gebieten mit hohen Wasserständen haben sie eine Überlebenschance. Foto: B. Vomer. Dümmer, 23.4.2019.

Naturschutzfachliche Betreuung wichtig

Zum Gesamterfolg führte hier die Kombination vieler Schutzmaßnahmen. Neben der Wiedervernässung und angepassten Flächenbewirtschaftung braucht es eine gezielte naturschutzfachliche Betreuung.

Es reicht nicht aus, nur eine Blänke anzulegen oder für ein Jahr das Gras später zu mähen. Neben einer optimierten Wasserführung sollten die Wiesengebiete großflächig offengehalten und die Bewirtschaftung an den Brutzyklus der Wiesenvögel angepasst werden: Mineraldünger, Gülle und Spritzmittel sind ebenso wie spätes Schleppen, Walzen oder Striegeln in der Flächenbewirtschaftung nicht mehr zulässig.

Die Erfahrungen aus Niedersachsen zeigen, dass besonders der Schutz der Uferschnepfe eine große Herausforderung ist, die viel Sachverstand und Erfahrung sowie eine langfristig angelegte Vor-Ort-Betreuung erfordert.

Insgesamt betrachtet, sind die Brutbestände der Uferschnepfe in den Projektgebieten in etwa gleich geblieben und haben dem landesweit weiterhin negativen Trend getrotzt – mit durchaus unterschiedlichem Erfolg.

Projektgebiete, in denen sich Maßnahmen bisher nur punktuell umsetzen ließen, zeigen weiterhin abnehmende Bestandszahlen. Beispiele hierfür sind das EU-Vogelschutzgebiet „Krummhörn“, wo der Bestand von 96 Uferschnepfenpaaren auf 36 eingebrochen ist, oder das EU-Vogelschutzgebiet „Emsmarsch von Leer bis Emden“, wo die Brutbestände der Uferschnepfe um mehr als 70 % zurückgegangen sind.

Starke Rückgänge zeigen sich auch in den Gebieten, in denen bisher keine flächenhaften Wiedervernässungen stattfinden konnten, so in den EU-Vogelschutzgebieten „Niederungen von Süd- und Mittelradde und der Marka“, „Ostfriesische Meere“, „Butjadingen“ und „Marschen am Jadebusen“. Demgegenüber zeigen Gebiete mit großen oder sehr großen Wiedervernässungsflächen bei gleichzeitig intensiver Vor-Ort-Betreuung und intensivem Prädatorenmanagement, meist durch Berufsjäger, stabile, meist aber steigende Bestände.

Dies unterstreicht die besondere Bedeutung von sehr großflächigen Wiedervernässungszonen von möglichst 1000 ha Größe oder mehr.

Neben dem Brutgebiet spielen auch die Rast- und Überwinterungsgebiete eine wichtige Rolle im Leben der Uferschnepfe und anderer ziehender Wiesenlimikolen. Als Zugvögel verbringen sie den Großteil des Jahres nicht im Brutgebiet. Um weitere Schutzbemühungen im Brutgebiet, aber auch in wichtigen Rast- und Überwinterungsgebieten in Südeuropa und Westafrika entlang des Ostatlantischen Zugweges

Blick über den Tellerrand

Wiesenvögel halten sich oft nur wenige Monate in den Brutgebieten auf. Über zwei Drittel des Jahres können insbesondere die Langstreckenzieher, wie Uferschnepfe oder Kampfläufer, in Rast- oder Überwinterungsgebieten zubringen. Letztere liegen vor allem in Westafrika und viele sind noch unbekannt. Deshalb werden Uferschnepfen seit 2018 am Dümmer mit Satellitensendern ausgestattet, 2020 kamen Uferschnepfen von der Unterelbe hinzu. Mit der Satellitentelemetrie lassen sich wichtige Rast- und Überwinterungsgebiete in Afrika identifizieren. Es lassen sich bevorzugte Aufenthaltsorte, Verweildauer, Nutzung, aber auch potenzielle Gefährdungen feststellen. In die zukünftigen Schutzbemühungen sollen dann solche Gebiete mit einbezogen werden, um auch gegenüber dortigen Gefahren gegensteuern zu können. Insgesamt 72 Uferschnepfen wurden von 2018 bis 2021 mit Satellitensendern ausgestattet (FALKE 2021, H. 11). Die Zugrouten lassen sich online über www.globalflywaynetwork.org nachverfolgen.

voranbringen zu können, startete 2020 das „LIFE IP GrassBirdHabitats".

Ein Projekt für das neue Jahrzehnt: LIFE IP GrassBirdHabitats

Mit den LIFE-Förderprogrammen der EU können Maßnahmen zur Erreichung der Schutzziele in Natura 2000-Gebieten kofinanziert werden. Integrierte Projekte (IP) gehen darüber hinaus und stellen auch Mittel für die Entwicklung von Plänen, Programmen und Strategien bereit. Mit dem LIFE-IP-Projekt „Conservation of wet grassland breeding bird habitats in the Atlantic Region – LIFE IP GrassBirdHabitats" soll ein strategisches Schutzkonzept für Wiesenvogellebensräume in Westeuropa erarbeitet werden.

Auslösend für die Initiierung des Projektes war, dass es bisher nicht gelungen ist, die Populationen der wertgebenden Wiesenvögel in Niedersachsen und darüber hinaus zu stabilisieren und einen günstigen Erhaltungszustand für diese Arten zu erreichen. Im Rahmen dieses Projekts werden daher einerseits ergänzende konkrete Maßnahmen in den Brutgebieten umgesetzt, gleichzeitig aber auch weitere Projekte initiiert. Es erfolgt eine enge Verzahnung mit den Zielen des „Niedersächsischen Wegs", einer politischen Vereinbarung zwischen Naturschutz und Landwirtschaft auf Landesebene. Zudem sollen Wege aufgezeigt werden, die für die Vereinbarkeit von Naturschutz und nachhaltiger Bewirtschaftung stehen. Wiesenvogelschutz ist und bleibt eine Daueraufgabe!

Das „LIFE IP GrassBirdHabitats" soll bis 2030 in 27 niedersächsischen Projektgebieten wiesenvogelfreundliche Maßnahmen umsetzen. Ziel ist es, optimale Brutgebiete zu schaffen und in der atlantischen Region Niedersachsens zu vernetzen. Hierfür gilt es, die Flächennutzung weiter an die Bedürfnisse der Wiesenvögel anzupassen und die Wasserstände zu optimieren.

Dabei wird der Blick über die Brutgebiete in Niedersachsen und in den Niederlanden hinaus auch auf die Rast- und Überwinterungsgebiete gerichtet: Mit dem IP und zusätzlichen Projekten sollen in den kommenden Jahren umfassende Maßnahmen in Feuchtgebieten in Südeuropa und in Westafrika umgesetzt werden mit dem Ziel, auch in den Durchzugs- und Wintergebieten günstige Bedingungen zu schaffen und damit die Rückkehrraten der heimischen Brutvögel zu erhöhen.

Das Niedersächsische Umweltministerium als Projektträger beauftragte die Staatliche Vogelschutzwarte im Niedersächsischen Landesbetrieb für Wasserwirtschaft, Küsten- und Naturschutz (NLWKN) mit der Umsetzung. Zu den Projektpartnern zählen die niederländische Provinz Friesland, die Universität Groningen sowie die landwirtschaftliche Kooperative Collectief Súdwestkust und der Naturschutzverband BondFrieseVogelWachten. Partner in Niedersachsen sind die Nationalparkverwaltung Niedersächsisches Wattenmeer und das Büro Bio-Consult OS. Das Gesamtbudget des über zehn Jahre laufenden Projekts beträgt rund 27 Millionen Euro, darin sind 12 Millionen Anteil des Landes Niedersachsen enthalten.

Andreas Barkow, Claudia Peerenboom, Christopher Marlow, Tom Gibmeier, Heinrich Belting, Jürgen Ludwig

Zur Brutzeit sind Uferschnepfen und andere Wiesenlimikolen auf sichere Brutplätze und ein reichhaltiges Nahrungsangebot angewiesen. Foto: C. Marlow. Osterfeiner Moor, 2.5.2019.

Informationen zum Thema

www.wiesenvoegel-life.de
www.globalflywaynetwork.org
www.grassbirdhabitats.eu

LIFE ist ein Förderprogramm der Europäischen Union. Es unterstützt die Umsetzung von Naturschutzmaßnahmen in Natura 2000-Gebieten. Das Schutzgebietssystem Natura 2000 besteht aus Vogelschutz- und FFH-Gebieten und umfasst 18 % der EU-Landfläche und große Teile der umliegenden Meere.

Andreas Barkow ist Biologe und arbeitet beim NLWKN für die Staatliche Vogelschutzwarte im „LIFE IP GrassBirdHabitats". Er ist dort für die Koordination von Anträgen und wissenschaftlichen Arbeiten zuständig.

Claudia Peerenboom, Dipl. Ing. Landschaftsentwicklung, arbeitet beim NLWKN in der Staatlichen Vogelschutzwarte. Sie ist unter anderem für die Koordination der Erfolgskontrollen des LIFE-Projektes Wiesenvögel zuständig und unterstützt die Einbindung der Aktivitäten des neuen „LIFE IP GrassBirdHabitats" in bisherige und anstehende Aufgaben der Vogelschutzwarte, auch in Hinblick auf den Niedersächsischen Weg.

Christopher Marlow hat die Satellitentelemetrie im LIFE-Projekt Wiesenvögel mit seiner Masterarbeit an der Universität Oldenburg begleitet. Beim NLWKN (Staatliche Vogelschutzwarte) ist er nun für die Besenderung der Uferschnepfen im „LIFE IP GrassBirdHabitats" zuständig.

Tom Gibmeier ist Biologe und arbeitet beim NLWKN (Staatliche Vogelschutzwarte) im „LIFE IP GrassBirdHabitats". Als Projektassistent unterstützt er die Projektleiter auf organisatorischer und technischer Ebene.

Heinrich Belting ist Biologe und Mitarbeiter der Staatlichen Vogelschutzwarte Niedersachsen und der Naturschutzstation Dümmer. Eines seiner Schwerpunktthemen ist der internationale Wiesenvogelschutz. Er leitet das „LIFE IP GrassBirdHabitats" zusammen mit Jürgen Ludwig.

Jürgen Ludwig siehe S. 45.

Vollständiger Schlupf eines Brachvogelgeleges.
Foto: V. Auernhammer. Altmühltal, 25.5.2020.

ERHÖHTE EMBRYONENSTERBLICHKEIT BEIM BRACHVOGEL:

Neues Problem beim Wiesenvogelschutz?

Der Brachvogel war einst im gesamten nördlichen und mittleren Europa eine Charakterart des extensiv genutzten Feuchtgrünlandes und der Moore und Heiden. Ab den 1960er Jahren zeichneten sich jedoch in weiten Teilen seines Verbreitungsgebietes Bestandsrückgänge ab. Abnahmen in einer Größenordnung von 30 % bis 49 % innerhalb von dreißig Jahren führten dazu, dass er in die Liste der weltweit gefährdeten Tierarten als „Near Threatened" aufgenommen wurde. Unabhängig vom Lebensraum kommt als Gefährdung des Brachvogels neuerdings möglicherweise ein weiteres Problem hinzu.

Gefährdungsfaktoren und Rückgangsursachen beim Brachvogel sind vielfältig und komplex. Im Vordergrund stehen Lebensraumverluste durch die mit der Intensivierung der Landwirtschaft verbundenen Zerstörung von Bruthabitaten durch Grünlandumbruch, Grundwasserabsenkungen und Trockenlegungen von Feuchtwiesen sowie intensivere und frühere Bodenbearbeitung und Mahd. Weiterhin bedeutend sind aber auch die Verbuschung nach einer Nutzungsaufgabe oder der Landschaftsverbrauch durch die Anlage von Industrie- und Wohngebieten, Kleingarten- und Sportanlagen oder den Kiesabbau. Der damit einhergehende Rückgang betraf weite Teile Deutschlands. Bundesweit wird der Brachvogel als „vom Aussterben bedroht" eingestuft.

Der massive Bestandsrückgang Anfang der 1980er Jahre und der ungünstige Erhaltungszustand rückte die Art in den Fokus des Naturschutzes. Dies führte in vielen Teilen Deutschlands zur Etablierung von Projekten und verschiedenen Varianten des Vertragsnaturschutzes, die die Stabilisierung und den Anstieg der Bestände des Brachvogels zum Ziel haben. Der Brachvogel wurde zu einer Flaggschiffart des Wiesenvogelschutzes und der nachhaltigen Nutzung der Landschaft.

Viele der Schutzbemühungen für den Brachvogel haben aber nicht zu dem gewünschten Anstieg des Bestandes geführt. Als Grund hierfür wird eine nicht ausreichende Reproduktion angesehen, und neben landwirtschaftlichen Arbeiten werden zunehmend Verluste von Eiern und Küken durch Bodenprädatoren für einen schlechten Bruterfolg verantwortlich gemacht. Daneben könnte aber auch noch ein weiteres Problem verstärkt zum Verlust von Gelegen führen: das vorzeitige Absterben, teilweise unmittelbar beim Schlupf, von Embryonen im Ei. Berichte über einen hohen Anteil nicht zum Schlupf kommender Eier stammen unter anderem aus Brachvogelprojekten in Baden-Württemberg, Bayern und Schleswig-Holstein.

Dass ein bestimmter Anteil von gelegten Eiern nicht zum Schlupf kommt, ist ein bei Vögeln weitverbreitetes Phänomen. Dass aus den betroffenen Eiern keine Küken schlüpfen, ist dabei hauptsächlich auf das Absterben der Embryonen und nicht auf unbefruchtete Eier zurückzuführen. Für das Absterben von Embryonen im Ei und für Schlupfprobleme wurden eine Reihe verschiedener Ursachen diskutiert. Dabei müssen sich verschiedene Gründe nicht gegenseitig ausschließen, sondern können sich ergänzen. Einige dieser Gründe werden im Folgenden erläutert.

Demografische Effekte

Es ist denkbar, dass ein Großteil der Brachvögel in betroffenen Gebieten das zur Reproduktion optimale Alter bereits überschritten hat, wodurch sich der reduzierte Schlupferfolg der gelegten Eier erklären ließe. „Überalterung" als Grund für den plötzlichen Bestandseinbruch eines Vorkommens wurde in Schleswig-Holstein diskutiert. Es liegen leider keine genauen Kenntnisse zur Altersstruktur und zur Rekrutierungsrate in den verschiedenen Populationen vor. Eine „Überalterung" des Vorkommens ist daher zurzeit weder auszuschließen noch belegbar.

Nahrungsmangel oder Mangel an bestimmten Nahrungsbestandteilen

Für einen verringerten Schlupferfolg kommt auch ein nicht optimales Nahrungsangebot als Ursache infrage. Nahrungsmangel oder das Fehlen wichtiger Nahrungsbestandteile, zum Beispiel Calcium oder Spurenelemente wie Selen, könnte zu einem reduzierten Schlupferfolg führen. Obwohl noch nicht abschließend zu beurteilen, erscheint es jedoch unwahrscheinlich, dass generell Nahrungsmangel zum reduzierten Schlupferfolg führt, da zumindest heranwachsende Küken und Altvögel in allen drei Projekten eine für die Art typische Kondition aufweisen. Ob einzelne, wichtige Nahrungsbestandteile fehlen, müssen weitere Untersuchungen zeigen.

Umweltgifte

Eine erhöhte Belastung mit Chemikalien wie DDT, Dioxin, deren Derivate oder PCBs stehen ebenfalls mit einer erhöhten embryonalen Sterblichkeit und einem niedrigeren Schlupferfolg in Zusammenhang. Dies ist beispielsweise für den Wanderfalken und die Flussseeschwalbe belegt.

Bei Eiern von Brachvögeln aus Nordrhein-Westfalen kam es bereits zwischen 1978 und 1993 zu einer deutlichen Reduktion des PCB-Gehalts (Polychlorierte Biphenyle). Im Vergleich zu den 1990er Jahren hat die Belastung mit dem bekannten Pestizid DDT, HCBs (Hexachlorbenzole) und PCBs in den Eiern einiger Vogelarten an der Nordseeküste ebenfalls deutlich abgenommen. Zur Belastung von Eiern des Brachvogels mit chlororganischen Verbindungen liegen nur aus Baden-Württemberg Untersuchungen vor. Die Eier waren, trotz der ausnahmsweise hohen Kontamination einzelner Eier mit PCB, DDE (Dichlordiphenyldichlorethan, Bestandteil von DDT) und HCB, besonders in der Elz-Niederung, gering bis mäßig belastet. Die Ergebnisse der Analysen aus verschiedenen Brutgebieten ließen keinen direkten Einfluss der Rückstände auf das Brutgeschäft erkennen. Die Proben dazu wurden aber schon vor über dreißig Jahren (1986–1989) gesammelt. Daher ist unklar, ob sich die damals registrierten Belastungen mit PCB und DDE auch noch heute finden. Das Thema der Kontamination mit Umweltgiften ist jedoch nach wie vor aktuell. In einigen Teilen Europas wurden beispielsweise hohe Gehalte in den Eiern von Schwarzstörchen gefunden. Besonderes Augenmerk gilt auch neuen Insektiziden aus der Familie der Neonikotinoide sowie glyphosathaltigen Herbiziden.

Verringerte genetische Diversität

Eine weitere mögliche Ursache für einen reduzierten Schlupferfolg durch hohe Embryonensterblichkeit ist eine verringerte genetische Diversität, wodurch es zu Inzucht mit den damit verbundenen Problemen (Inzuchtdepression) kommen kann. Eine verringerte genetische Diversität tritt zumeist infolge der Fragmentierung von Habitaten und der damit verbundenen Isolation von Populationen auf.

Bei Vögeln wurde mehrfach der Zusammenhang zwischen verringerter genetischer Diversität und reduziertem Bruterfolg aufgrund von explizit erhöhter Sterblichkeit von Embryonen im Ei und nicht (nur) von Unfruchtbarkeit gefunden. Ein ernstes Problem stellt dies bei sehr seltenen und damit höchst gefährdeten Arten dar. Das Phänomen zeigt sich aber auch bei Randpopulationen an der Grenze des Verbreitungsgebiets häufiger Arten. Es zu erkennen, ist umso wichtiger, da Populationen mit reduzierter genetischer Diversität ein höheres Aussterberisiko tragen.

Nest mit nur einem vitalen Küken, ein Küken ist verstorben und zwei Küken sind nicht geschlüpft.

Foto: T. Petschinka. Altmühltal, 2020.

Dieses Küken ist während des Schlupfes verstorben.

Foto: V. Auernhammer. Altmühltal, 25.5.2021.

Länderübergreifendes Projekt zur Untersuchung der embryonalen Sterblichkeit beim Brachvogel

Das Auftreten einer relativ hohen Embryonensterblichkeit beim Brachvogel in manchen, aber nicht in allen Brutpopulationen in Deutschland, sowie eine Reihe von potenziellen, nicht exklusiven Faktoren, die dies verursachen könnten, zeigt die Komplexität des Problems. Ohne detailliertere Untersuchungen in Zusammenarbeit mit verschiedenen Institutionen und Laboren wird es nicht möglich sein, die Ursachen des Problems zu ermitteln.

Vom Michael-Otto-Institut im NABU in Bergenhusen, Schleswig-Holstein (MOIN), dem Landesbund für Vogelschutz in Bayern (LBV), unterstützt durch das Bayerische Landesamt für Umwelt, und Martin Boschert (Bioplan Bühl) wurde eine länderübergreifende Zusammenarbeit initiiert, bei der die verschiedenen vom Problem betroffenen Gruppen gemeinsam eine Lösung erarbeiten möchten. Untersucht werden sollen dabei mehrere Fragen:

- Liegen Mangelerscheinungen bei den abgestorbenen Embryonen vor?
- Liegt eine erhöhte Belastung mit Umweltchemikalien und/oder Schwermetallen vor?
- Liegen eine Störung des Hormonhaushalts oder Fehlbildungen bestimmter Gewebe bei den abgestorbenen Embryonen vor?
- Haben die betroffenen Populationen eine reduzierte genetische Diversität und könnte Inzuchtdepression auftreten?

Die einzelnen Partner dieser Zusammenarbeit werden sich dabei jeweils verschiedenen Aspekten des Problems annehmen und dafür untereinander Proben austauschen sowie sich gegenseitig regelmäßig vom Fortschritt der Arbeiten informieren. Gegebenenfalls kann so das Vorgehen eines Partners durch Informationen von anderen Partnern angepasst und optimiert werden. Eine Ausweitung des Projekts auf weitere Populationen im In- und Ausland ist angedacht, falls sich Befunde ergeben, die vertiefte Untersuchungen in eine Richtung lohnenswert erscheinen lassen.

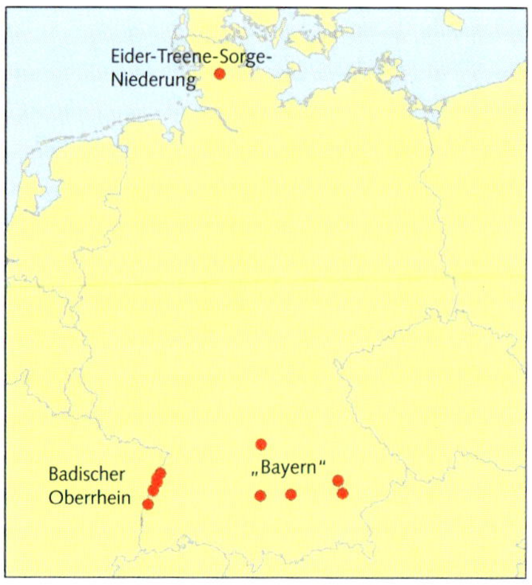

Karte der derzeitigen Untersuchungsgebiete.

Darüber hinaus sollte darauf geachtet werden, ob das Problem auch bei anderen Wiesenvogelarten auftritt. Zumindest in Schleswig-Holstein trat es jedoch noch nicht bei Kiebitzen und Uferschnepfen auf.

Martin Boschert, Volker Salewski, Verena Auernhammer, Louiza Krahn, Heike Jeromin, Natalie Meyer

Gesucht: nicht geschlüpfte Eier, Schalen geschlüpfter Eier, tote Küken

Während bei verschiedenen Populationen des Brachvogels in Deutschland eine relativ hohe Embryonensterblichkeit festgestellt wurde, scheinen andere Populationen davon verschont zu bleiben. Um bei einem bestimmten Befund darauf schließen zu können, dass dieser mit der erhöhten Embryonensterblichkeit ursächlich zusammenhängt, sollten also auch Vorkommen untersucht werden, bei denen das Problem nicht in gleichem Maß auftritt. Zu Vergleichszwecken möchten wir daher Betreuerinnen und Betreuer von Vorkommen des Brachvogels in anderen Bundesländern bitten, Material, wie etwa nicht geschlüpfte Eier, Schalen geschlüpfter Eier oder tote Küken, zur Verfügung zu stellen. Dazu ist es notwendig, das Nest unmittelbar nach dem Schlupf aller vitaler Küken aufzusuchen. Anderenfalls besteht die Gefahr, dass liegengebliebene Eier oder Embryonen von Prädatoren verschleppt werden. Falls im Rahmen von bereits laufenden oder anlaufenden Projekten mit entsprechenden Genehmigungen die Möglichkeit zum Sammeln von Proben besteht, könnten hierdurch wichtige Erkenntnisse gewonnen werden. Natürlich sollten Störungen an den Nestern auf ein Mindestmaß beschränkt werden, allerdings kann ein vollständiges Vermeiden von Besuchen am Nest auch dazu führen, dass die Gründe für einen mangelnden Bruterfolg nicht bekannt sind und letztendlich nicht die geeigneten Maßnahmen zum Schutz ergriffen werden. Die Autorinnen und Autoren geben gerne Auskunft, wie die Proben aufbewahrt und zur Verfügung gestellt werden können.

Ansprechpartner:

Martin Boschert, Bioplan Bühl, Nelkenstr. 10, 77815 Bühl. E-Mail: boschert@bioplan-buehl.de

Volker Salewski, Michael-Otto-Institut im NABU, Goosstroot 1, 24861 Bergenhusen. E-Mail: volker.salewski@nabu.de

Verena Auernhammer, Landesbund für Vogelschutz in Bayern e.V., Eisvogelweg 1, 91161 Hilpoltstein. E-Mail: verena.auernhammer@lbv.de

Louiza Krahn, Michael-Otto-Institut im NABU. E-Mail: louiza.krahn@nabu.de

Heike Jeromin, Michael-Otto-Institut im NABU. E-Mail: heike.jeromin@nabu.de

Natalie Meyer, Michael-Otto-Institut im NABU. E-Mail: natalie.meyer@posteo.de

Ausführlich behandelt das Thema

Salewski et al. 2020: Weisen die Gelege von Brachvögeln (*Numenius arquata*) eine erhöhte Embryonensterblichkeit auf? Berichte zum Vogelschutz 57: 171-185.

Dort findet sich auch eine umfangreiche Liste von Zitaten, die das hier Gesagte belegen.

Dr. Martin Boschert ist selbstständiger Biologe mit eigenem Planungs- und Forschungsbüro (Bioplan Bühl). Er beschäftigt sich seit Mitte der 1980er Jahre mit Wiesenvögeln.

Dr. Volker Salewski arbeitet am Michael-Otto-Institut im NABU hauptsächlich in einem Projekt zum Schutz der Uferschnepfe.

Verena Auernhammer arbeitet beim LBV. Sie leitet ein Brachvogel-GPS-Telemetrie-Projekt und ist Teamleiterin im Wiesen- u. Feldvogelschutz in Bayern.

Louiza Krahn ist wissenschaftliche Mitarbeiterin am Michael-Otto-Institut im NABU und dort im Bereich des Wiesenvogelschutzes tätig.

Heike Jeromin ist Biologin und hat seit 2021 im Haus die Fachliche Leitung des Bereichs Wiesenvögel und Grünland inne.

Natalie Meyer ist Biologin und hat von 2013–2019 das Brachvogelprojekt in Bergenhusen geleitet. Seit 2020 arbeitet sie auf einer Bio-Farm in Kalifornien.